# DE LA TAILLE

## DES

# ARBRES FRUITIERS.

IMPRIMERIE DE BEAU,

à Saint-Germain-en-Laye, 80, rue de Paris.

# DE LA TAILLE

DES

# ARBRES FRUITIERS,

## DE LEUR MISE A FRUIT

### ET DE LA MARCHE DE LA VEGÉTATION,

## PAR A. PUVIS,

Ancien officier d'artillerie, ancien député,
Correspondant de l'Institut ;
Président de la Société d'Agriculture de l'Ain ;
Membre honoraire des Sociétés des Sciences de Genève, agraires de Turin,
Correspondant des Sociétés d'Agriculture de Paris, Lyon, etc.

*Idoneus patriæ, utilis agris.*

PARIS,

LIBRAIRIE AGRICOLE DE LA MAISON RUSTIQUE,

RUE JACOB, n° 26.

# DE LA TAILLE

## DES

# ARBRES FRUITIERS.

———o✠o———

## Observations préliminaires.

### I.— *Utilité de la taille.*

La taille des arbres fruitiers est une opération importante de l'horticulture ; elle a pour but de leur donner et de
leur maintenir une forme déterminée, tout en leur faisant
produire beaucoup de fruits. Cette dernière condition, la
plus essentielle, est cependant rarement remplie lorsqu'on
donne aux arbres certaines formes d'arbres ; aussi quelques
arboriculteurs, en voyant les résultats ordinaires de la taille,
se sont-ils écriés, en parodiant La Fontaine :

Quittez-moi la serpette, instrument de dommage.

La taille, cependant, est tout à fait nécessaire aux arbres
à pepins ou à noyaux auxquels on veut donner et conserver
une forme régulière en les amenant à fruit.

Les arbres à pepins poussent de longues branches garnies de boutons sur toute leur longueur ; une partie de ces

boutons, ceux de l'extrémité seulement, s'ouvrent et poussent des bourgeons; les yeux du bas restent endormis, s'oblitèrent; leurs bourgeons restent donc dégarnis sur une grande partie de leur longueur. La taille seule, en les raccourcissant, vient forcer les boutons paresseux à s'ouvrir et à garnir de bois et de fruits des parties qui, sans elle, en seraient entièrement dépourvues. De plus, lorsqu'on veut restreindre ces arbres à une forme et à un espace déterminés, comme cela est le plus souvent nécessaire dans les jardins, un retranchement sans discernement leur fait reproduire chaque année un bois stérile, tandis que les procédés raisonnés de la taille peuvent faire tourner au profit de la production du fruit cette vigueur exubérante, tout en leur conservant la forme et le développement désirés. Une taille raisonnée leur serait donc nécessaire sous ces divers points de vue.

Dans les bourgeons des fruits à noyaux, pêchers et abricotiers, se rencontre une disposition contraire à celle des arbres à pepins : tous leurs yeux s'ouvrent chaque année pour produire des bourgeons et souvent des fruits; l'année suivante, le bourgeon, qui vient lui-même d'en pousser d'autres de tous ses yeux, reste sans végétation, puisqu'il est dépourvu d'yeux; en sorte que la végétation quitte d'année en année les branches où elle a régné, pour se concentrer sur les bourgeons de la dernière année. L'arbre est donc bientôt dégarni; mais l'art de la taille vient à son secours, en forçant, par le procédé du *remplacement*, la végétation à se continuer sur une même branche. Ainsi, sur les arbres à noyaux comme sur ceux à pepins, la taille est nécessaire.

Pour plusieurs espèces, le pêcher et l'abricotier, la taille est encore un moyen de prolonger leur durée; pour toutes elle augmente la beauté des fruits. La plupart des arbres fruitiers peuvent cependant être abandonnés à eux-mêmes et produire sans son secours; mais elle est indispensable pour la conservation de toutes les variétés de pêchers et pour la plupart de celles de vignes. La plus grande partie des arbres à fruits à pepins conduits en plein vent, et, parmi ceux à fruits à noyaux, les pruniers, les cerisiers, peuvent très-bien s'en passer; mais beaucoup d'excellentes variétés de poires et de pommes sont d'un volume tel qu'en plein·vent elles ne peuvent résister aux orages et tombent presque toutes avant l'époque de la maturité, si la taille ne vient restreindre leur dimension. Enfin les variétés de poires d'hiver ont besoin d'être conservées sur l'arbre jusqu'à la fin de l'automne; comme elles sont généralement d'un gros volume, il n'en reste presque plus sur les grands arbres lorsqu'arrive le moment de les cueillir; et puis les arbres abandonnés à eux-mêmes couvrent au loin la terre de leur ombre, la remplissent de leurs racines, et peuvent difficilement s'admettre dans les jardins légumiers ou fleuristes. La taille les restreint à des dimensions qui, n'empêchant pas d'autres cultures, permettent de multiplier les variétés, les met à notre portée pour une foule d'observations intéressantes, et, lorsqu'elle est bien faite, hâte et assure la fructification.

## II. — *Historique de la taille.*

Aussitôt qu'on a eu obtenu, par des semis successifs, des espèces fruitières améliorées, on les a placées dans des jardins, près des demeures habitées, et on a imaginé la taille pour leur donner une forme régulière et les mettre à fruit. La taille des arbres fruitiers, comme celle de la vigne, remonte donc bien loin. Pline prétend qu'elle a été inventée par les Romains; mais nul doute qu'elle n'existât avant eux chez les Egyptiens et les Grecs. Depuis lors elle n'a pas cessé d'être plus ou moins employée; mais ce n'est guère qu'après la Renaissance qu'elle est devenue un art et que des hommes spéciaux ont commencé à lui donner des règles dans leurs écrits.

Parmi les anciens écrivains, La Quintinie, intendant des jardins de Louis XIV, nous semble le plus remarquable. Nous verrons plus tard qu'une partie des principes qu'il a établis, après avoir été oubliés pendant un certain temps, ont repris faveur chez les modernes et constituent en grande partie la taille nouvelle; d'ailleurs il nous semble lui-même avoir plutôt recueilli les procédés connus et en usage avant lui que les avoir imaginés.

C'est à cette époque que la culture des pêchers en espalier s'est établie à Montreuil et aux environs. Un ancien mousquetaire cultivait un jardin à Bagnolet, et en offrait tous les ans les pêches à Louis XIV, qui accueillait avec distinction l'homme et ses fruits. Le praticien se contentait de produire; mais un amateur, Decombes, résumait les principes de cette culture dans un écrit encore estimé.

Au milieu du siècle dernier, l'abbé Roger Shabol a donné plusieurs volumes sur la pratique du jardinage, et particulièrement sur la taille et la culture des arbres à Montreuil. Son ouvrage a été classique pendant longtemps.

Après lui, La Bretonnerie a modifié ses directions et a le premier conseillé la taille *du fort au faible*, principe un peu vague, mais plus ou moins adopté par ses successeurs. Dans le même temps, Duhamel publiait, avec l'aide de Le Berriays, son *Traité des Arbres fruitiers*, où il résume la taille d'une manière remarquable.

Plus tard, Rosier, Thouin et une foule d'autres, en s'appuyant sur les observations de leurs prédécesseurs, ont successivement traité ce sujet, mais en proposant toujours pour type la pratique de Montreuil et en y apportant seulement des modifications.

Nous ne devons pas omettre Le Berriays, collaborateur de

Duhamel, qui, sous le voile de l'anonyme, a donné sur la culture des jardins un excellent ouvrage dans lequel il traite fort judicieusement de la taille.

Au commencement du dix-neuvième siècle, Pictet, de Genève, traduisit en français l'ouvrage d'un habile jardinier anglais, William Forsith, auquel le parlement anglais avait accordé une récompense nationale. Son ouvrage répandit l'usage de la taille des espaliers en palmette à bras horizontaux. Cette taille était dès longtemps connue en France, et était à cette époque pratiquée par Dupetit-Thouars dans un jardin de l'Etat, rue du Roule; mais elle n'y a pris faveur qu'en arrivant sous le nom d'un étranger.

Dans le même moment, à peu près, Butret a résumé la taille de Montreuil dans un petit écrit plein de conseils clairement exprimés, dont vingt éditions n'ont pas suffi à épuiser le succès.

Mais bientôt arrive le réformateur.

Lelieur, administrateur des parcs et jardins de l'Empereur, a fait sur le même sujet un grand traité qui nous semble devoir faire oublier en grande partie ceux qui l'ont précédé. Cet ouvrage, sous le nom de *Pomone française* [1], traite de la conduite et de la taille des arbres fruitiers, et pose de nouveaux principes qui, modifiant heureusement les directions anciennes, se rapprochent davantage de la nature et conduisent à une abondante fructification.

Après lui, M. Dalbret, chargé de démontrer la culture des arbres fruitiers au Jardin-des-Plantes, a fait aussi sur leur taille un bon ouvrage arrivé à la 8e édition. Ses principes sont à peu près les mêmes que ceux de Lelieur.

Dans le même temps, M. Chopin, à Bar-le-Duc, en modi-

[1] LA POMONE FRANÇAISE, *Traité de la Culture et de la Taille des Arbres fruitiers*, suivi d'un *Traité de Physiologie végétale*, par Lelieur, 3e édition. 1 vol. in-8 de 592 pages et 15 planches gravées. Prix : 7 fr. 50 c.

fiant la méthode Lelieur, obtenait de remarquables succès
et publiait le résumé de ses procédés.

Depuis peu, un habile praticien de Montreuil, M. Lepère,
a publié sur ce sujet un écrit bien fait, qui en est à sa
3e édition, et qui, s'il a peu ajouté à ce qui était connu, a
du moins développé avec méthode et clarté la taille du
pêcher.

Plus récemment, M. Gaudry, arboriculteur distingué, devenu habile praticien, a publié un bon livre, qui renferme
beaucoup de données utiles sur la direction des diverses
variétés d'arbres fruitiers. Il avait établi dans Paris un
jardin ouvert à tous les amateurs, et il poussait le zèle
jusqu'à y donner tous les ans un cours gratuit de taille des
arbres.

Enfin, dans le Mâconnais, un autre praticien, M. Jard,
applique à l'art de la taille des arbres, et particulièrement
à celle du pêcher, toutes les ressources d'une intelligence
d'élite. Il s'empresse de faire profiter de son expérience
tous ceux qui vont le consulter. Il n'a point encore écrit
sa méthode ; cependant des élèves nombreux la répandent
au loin, et on doit espérer qu'il en publiera tout au moins
un résumé, qui assurera la durée des heureux résultats de
sa longue expérience.

Nous citerons en terminant l'excellent traité de taille que
contient le tome V de la *Maison rustique du* XIXᵉ *siècle*, et
le *Cours d'Arboriculture* dans lequel M. Du Breuil a traité
des diverses variétés de taille en théoricien éclairé par la
pratique.

### III. — *But et plan de cet écrit.*

Comment se fait-il donc que les bonnes méthodes de
aille exposées dans un si grand nombre d'écrits soient
si peu et si mal pratiquées? C'est que leurs principes ne

sont pas toujours clairement exprimés, et que, quand ils
doivent être traduits en faits, ils offrent d'assez grandes
difficultés à celui qui veut pratiquer. La végétation se
modifie de tant de manières, dans nos variétés si multipliées d'arbres à fruits, dans nos climats et nos sols si différents, que l'application judicieuse de la théorie à la pratique ne peut être faite que par le plus petit nombre.

Notre but aujourd'hui, différent de celui de la plupart des
arboriculteurs, qui se sont plus spécialement occupés de la
forme, serait, en première ligne, d'obtenir de l'arbre une
abondante fructification, et, en seconde ligne, de lui donner une forme régulière et agréable et de l'y maintenir.
Nous nous efforcerons aussi de simplifier l'expression des
préceptes, de manière à les mettre le mieux que nous pour-
rons à la portée des praticiens et des amateurs.

Nous ferons connaître les diverses méthodes de taille,
pour que chacun puisse choisir celle qui lui convient le
mieux.

Dans une première partie, nous développerons les principes généraux de la taille, et en même temps leur application aux arbres à pepins et spécialement à ceux en pyramides.

Dans une seconde, nous analyserons les diverses méthodes de la taille du pêcher, nous traiterons de sa manière de
végéter, et nous nous occuperons de rechercher une méthode simple, à la portée des praticiens, et de trouver les
moyens d'améliorer sa culture.

Dans une troisième, comme nous pensons que le but essentiel de la taille doit être la fructification, nous nous étendrons sur les divers moyens qui peuvent être employés
pour arriver à ce but.

En analysant la théorie comme la pratique des diverses
opérations qu'on fait subir aux arbres fruitiers, nous exa-
minerons la marche de la séve, et nous parviendrons peut-

être à donner des explications plausibles de plusieurs des principaux phénomènes de la végétation.

Nous sommes loin d'avoir le projet de donner un traité complet sur toutes ces matières ; évitant d'entrer dans des détails qu'on trouve d'ailleurs dans de bons ouvrages, nous nous occuperons simplement de questions qui ne nous semblent point suffisamment éclaircies, et de quelques considérations nouvelles qui peuvent être utiles pour éclairer la pratique.

# PREMIÈRE PARTIE.

## PRINCIPES GÉNÉRAUX DE LA TAILLE; LEUR APPLICATION AUX ARBRES A PEPINS.

## CHAPITRE Ier.

### Principes de la taille nouvelle.

Les principes sur lesquels se fonde la méthode nouvelle étaient connus avant Lelieur, mais négligés; il les a remis en lumière et même modifiés, à ce qu'il nous semble, d'une manière heureuse. Nous donnons à sa méthode le nom de *taille nouvelle*, parce qu'elle se fonde, du moins pour les arbres à pepins, sur les principes rejetés en partie par les anciennes tailles. Sans doute on obtenait déjà de bons résultats par les méthodes anciennes suivies avec intelligence; mais nous pensons que la méthode nouvelle doit donner des produits plus abondants.

Arrivons à ses procédés.

La principale difficulté des tailles en pyramide et en espalier des arbres à noyaux ou à pepins consiste à produire et à maintenir dans les parties inférieures de l'arbre une vigueur qui tend sans cesse à s'y affaiblir, et à l'amortir dans les parties supérieures, vers lesquelles elle tend toujours à se porter. Il y a là une loi naturelle qu'il faut faire céder à nos convenances, ce qui n'est pas sans difficulté. Lelieur emploie pour y parvenir un double moyen : le pincement pour toutes les variétés de fruits, pour ceux à noyaux comme pour ceux à pepins, et la taille en couronne pour ces derniers.

## I. — *Pincement.*

Le pincement, rejeté par Shabol, Thouïn et même Butret, était l'un des anciens principes de taille admis bien antérieurement aux procédés pratiqués à Montreuil. Lelieur cite de nombreux auteurs qui l'ont conseillé avant La Quintinie, qui l'emploie lui-même comme très-utile ; la méthode nouvelle l'a rappelé très-judicieusement à son aide. Il demande, il est vrai, pour sa mise en pratique, de l'assiduité, de la surveillance ; mais aussi il conserve aux arbres, pendant le cours de la saison, la forme qu'on veut leur imposer, diminue par conséquent le travail de la taille, aide puissamment à maintenir l'équilibre entre les parties symétriques de l'arbre, à refouler la séve dans le bas et dans toutes les portions qui en ont besoin, et enfin permet de transformer en branches utiles des pousses qui, abandonnées à elles-mêmes, auraient donné par la suite beaucoup d'embarras et détruit tout équilibre.

Et puis, il faut encore le dire, la méthode nouvelle en fait tout autrement usage que ses devanciers. La Quintinie pince à la fin de mai les bourgeons de 0$^m$,20 à 0$^m$,25 de long ; il les réduit à deux ou trois yeux déjà formés ; ces yeux repoussent presque immédiatement, et on est forcé de renouveler le pincement à la fin de la première séve. La méthode nouvelle pince les bourgeons quand ils n'ont encore que 0$_m$,02 à 0$^m$,03, avant que les yeux soient formés ; la végétation s'arrête sur le bourgeon pincé ; les yeux s'y forment lentement et se disposent par là plus naturellement à la fructification. Il s'est alors dépensé peu de séve utile, et celle-ci est plus efficacement refoulée dans les branches qui en ont besoin. Lelieur, en outre, en pinçant, comprime entre ses doigts la portion de pousse qu'il conserve; le bourgeon comprimé forme plus tard encore ses yeux affaiblis, qui, par suite, sont d'autant plus disposés à donner du fruit ; il laisse entiers les bourgeons qu'il juge nécessaires à la forme de l'arbre ; et, plus tard, si ces bourgeons conservés prennent trop de vigueur, il les pince à leur tour, mais en leur laissant plus de longueur, pour les contenir. La pratique du pincement, dans la méthode nouvelle, nous semble donc plus rationnelle que dans celle de La Quintinie.

Toutefois, le pincement ne suffirait pas toujours pour amener à fruit des arbres grands et vigoureux ; nous avons vu cette opération, appliquée à des poiriers déjà âgés, en espaliers et en mi-vent, refouler trop puissamment la séve dans le corps de l'arbre, et forcer à se transformer, dans l'année même et l'année suivante, en branches à bois, les lambourdes et les boutons à fruits. M. Gaudry, que nous avons déjà cité, conseille, dans ce cas, de laisser se développer, pendant le cours de la saison, les bourgeons du haut de l'arbre, et de les *casser* au mois de juillet, à deux ou trois feuilles ; il a, par ce moyen, réussi à amener à fruit des poiriers vigoureux en gobelet, tandis que son voisin, en pinçant à plusieurs reprises, pendant tout le cours de la saison, des arbres de même vigueur et de même forme, ne réussissait qu'à faire changer leurs branches à fruits en branches à bois. Ainsi, le pincement sur les arbres à pepins doit être modéré et précoce ; on le borne aux bourgeons mal placés, aux gourmands, et au premier ou aux deux premiers bourgeons placés au-dessous du terminal. Il en est de même de l'ébourgeonnement, qui, fait trop tôt, a le même inconvénient de faire dégénérer en branches à bois les branches fruitières. Le pincement doit donc être employé avec mesure; il est surtout utile dans les jeunes arbres qu'on élève, mais plus encore pour maintenir la forme et refouler la séve que pour amener à fruit.

Ainsi, lorsqu'on veut, sur des arbres à pepins vigoureux, refouler puissamment la séve par le pincement et faire naître des productions fruitières, il est nécessaire de le faire de très-bonne heure, sur des bourgeons de 0^m,02 à 0^m,03, et, suivant la vigueur du sujet, d'y ajouter la compression et même la torsion de la partie du bourgeon qui reste, tout en laissant à l'arbre des bourgeons terminaux entiers, sur lesquels se porte la vigueur exubérante, et dont on casse, au repos de la séve, ceux qui ne sont point nécessaires à la forme, ou qui, trop vigoureux pour leur position, menaceraient, en s'emportant, de détruire l'équilibre général.

## II. — *Taille en couronne.*

Le second moyen de fructification qu'emploie la méthode nouvelle, la taille en couronne, consiste à retrancher, à l'époque de la taille, les bourgeons inutiles à la forme de l'arbre et qui ne paraissent pas disposés à se mettre à fruit ; on ne leur laisse que la couronne, espèce de bourrelet qui leur sert d'empâtement ; on l'entame même plus ou moins, suivant la vigueur qu'on veut laisser aux petits bourgeons qui repoussent des germes qui y sont contenus. Par ce moyen la séve est encore refoulée dans les parties inférieures, et elle fait développer sur les couronnes des rosettes, des dards ou des brindilles qui produisent plus tard du fruit. Ce procédé de taille sur couronne, que l'ancien La Quintinie avait désigné sous le nom de *taille à l'épaisseur d'un écu,* que Le Berriays, dans son *Nouveau La Quintinie,* avait rappelé comme procédé utile, Lelieur l'emploie comme une des bases de sa méthode de taille des arbres à pepins. La Quintinie a-t-il imaginé le premier ce procédé, ou l'a-t-il trouvé dans les méthodes connues avant lui : c'est ce que nous ignorons; mais on doit savoir gré à Lelieur de l'avoir en quelque sorte rajeuni.

Nous remarquerons ici que, lorsque **La Quintinie** veut faire naître sur sa couronne des bourgeons fructifères d'un côté plutôt que de l'autre, il taille son bourrelet en biseau, le laissant entier du côté où il veut avoir des bourgeons, et le coupant de l'autre côté au ras de l'écorce. **M. Dalbret** a adopté très-judicieusement cette pratique.

En nous résumant sur les deux moyens de fructification, le pincement et la taille en couronne, nous pouvons dire qu'ils sont cependant encore loin de toujours suffire; il en est d'autres plus énergiques dont nous nous occuperons plus tard d'une manière spéciale.

### III. — *Renforcement des branches faibles.*

MM. Lelieur et Dalbret admettent comme principe essentiel de leur méthode que, *pour donner de la force à une branche, il faut la tailler long*, la laisser même quelquefois entière, tandis qu'il faut, au contraire, tailler court les branches trop fortes. Ils motivent leur opinion sur ce qu'en laissant dans leur entier les branches faibles elles donnent naissance à des feuilles plus nombreuses, qui sont pour elles un puissant moyen d'attirer la séve ascendante et de produire la séve descendante, de prendre par conséquent plus de développement, tandis qu'en taillant court les branches vigoureuses on leur retranche une partie de l'appareil foliacé qu'elles eussent produit, et on diminue par là leur vigueur et leur grossissement.

Nous ne contesterons pas ce principe, vrai en général; nous dirons cependant que, pour s'assurer de sa justesse dans l'application qu'on en fait, et se diriger dans les méthodes de taille à appliquer aux mûriers, deux de nos frères, dans une plantation de jeunes mûriers, ont, suivant la méthode la plus ordinaire, taillé très-court, rapproché presque jusque sur la tige deux rangs de mûriers, et retranché seulement dans les deux autres les branches qui faisaient confusion. Or, les tiges de ces quatre rangs de mûriers, mesurées séparément et avec exactitude, à la même hauteur, au commencement et à la fin de la saison, ont grossi, à très-peu près, de la même quantité les unes que les autres; s'il y a eu quelque avantage, il a été plutôt pour les mûriers taillés court que pour ceux laissés dans toute leur longueur; enfin les bourgeons de la saison des mûriers taillés avaient pris autant de développement que ceux de la saison précédente laissés dans toute leur longueur. Nous avons dû en conclure que l'expérience ne prouvait pas qu'une taille longue tendît à augmenter la vigueur des parties d'arbres ou des branches auxquelles on l'applique, et que, par conséquent, pour atteindre le double résultat de renforcer une branche faible et d'affaiblir une branche vigoureuse, il ne suffit pas de tailler long la première et court la seconde, mais qu'il est encore nécessaire de pincer rigoureusement les pousses des branches vigoureuses taillées court; sans cela leur vigueur se renouvellerait bientôt dans la saison, aux dépens même de celles qu'on a voulu renforcer, d'autant mieux qu'outre leur plus grande vigueur elles ont sur elles l'avantage de la position.

En effet, par la première opération, la taille courte des branches vigoureuses, on a commencé par refouler sur celles conservées longues la séve qui se portait naturellement vers les bourgeons retranchés; mais, dans le cours de la saison, cette séve, conduite par les canaux larges et nombreux qu'elles se sont créés dans les branches vigoureuses, se porte sur les yeux qu'on leur a laissés et y détermine une vigueur bien supérieure à celle des branches restées longues; mais le pincement, en arrêtant

dans leur premier développement la plus grande partie
des canaux séveux que formait de nouveau la branche vigoureuse, rejette derechef la séve sur la branche faible; et
cette branche, à l'aide de l'abondant appareil foliacé qu'on
lui a laissé produire, arrive enfin à se créer des canaux séveux bientôt plus larges, plus nombreux que ceux mêmes
de la branche qu'on a voulu dompter.

Ce moyen d'affaiblir les branches fortes et de renforcer
les faibles, n'est point contraire aux principes anciens et vrais
qui prescrivent de tailler long les branches fortes pour affaiblir leurs pousses, et de tailler court les branches faibles
pour renforcer les leurs. On obtient ainsi sur le membre
faible des pousses plus fortes, et sur le plus fort des bourgeons plus faibles; mais on n'atteint pas le but de faire
dominer la branche faible sur la forte par sa vigueur aussi
bien que par sa longueur. Dans l'ancien système, la branche
forte, avec son plus grand développement, conserve toute
sa supériorité sur la branche faible raccourcie, tandis que,
dans le nouveau système, en refoulant par le pincement, à
plusieurs reprises, s'il le faut, dans la branche faible, la
séve destinée à la branche forte, la première arrive à prendre la supériorité de vigueur, en même temps qu'elle a conservé tout son développement.

Ce principe essentiel de la taille nouvelle est dû à
Thouïn, qui l'a, à ce qu'il semble, le premier conseillé.
Quant aux deux autres principes, le pincement et la taille
en couronne, ils étaient, ainsi que nous l'avons dit, pratiqués par La Quintinie ; mais Lelieur en a précisé,
modifié l'emploi, et fait de leur ensemble la base d'une
méthode de taille avec laquelle il arrive plus sûrement
aux deux buts essentiels : produire du fruit et maintenir la
forme.

# CHAPITRE II.

## Application de la méthode aux pyramides.

### I. — *Principes généraux.*

Cette méthode serait plus spécialement applicable à la taille des arbres à fruits à pepins, et plus particulièrement encore à celle des pyramides.

Pour cette forme d'arbres, le point essentiel consiste à favoriser le développement des branches inférieures, de manière à ce que les plus basses se conservent les plus longues et les plus fortes. On contient les branches supérieures par le pincement répété ; on rabat au besoin sur leurs bourgeons faibles celles qui ont trop de vigueur, et sur leurs bourgeons forts celles qui en manquent. Avec des soins, on peut obtenir assez naturellement la forme pyramidale, parce que chaque étage, à partir de la base, a une année de plus que celui qui le suit, et par conséquent plus de développement. Pour conserver au bas de l'arbre sa prépondérance, on y asseoit la taille sur les bourgeons les plus forts ; on y emploie peu le pincement ; puis, à mesure qu'on s'élève, on diminue successivement la longueur de la taille ; on rabat sur les bourgeons moins forts, et on pince dans la saison, fût-ce à plusieurs reprises, les branches, les bourgeons verticaux et tous ceux qui annoncent trop de vigueur ou ne sont pas nécessaires à la forme de l'arbre.

Dans les bourgeons des arbres à pepins laissés de toute leur longueur, les yeux seuls du dessus s'ouvrent ; ceux du bas restent endormis et finissent par s'oblitérer, ce qui fait des vides et s'oppose à la régularité et même à une abondante fructification. La taille doit donc se proposer pour but de faire ouvrir tous les yeux laissés, ceux du haut en bourgeons, ceux du milieu en dards, et ceux du bas en

rosettes : ceux du haut pour fournir des branches à bois
pour la charpente de l'arbre, et ceux du milieu et du bas
pour donner du fruit. Ce principe, vrai en général, ne doit
cependant, dans la taille des pyramides, guère s'appliquer
qu'à leurs membres inférieurs ; en l'appliquant à leur flèche,
il tendrait à leur donner trop de développement en hauteur, et ne refoulerait pas assez puissamment la séve dans
les branches du bas. Il ne peut non plus s'appliquer rigoureusement à leurs bras, qui doivent diminuer de longueur
à mesure qu'ils s'approchent du sommet. On peut, dans
cette vue, rabattre leur bourgeon terminal sur un bourgeon
plus faible, qui se trouve naturellement plus rapproché de la
tige, et on lui applique une taille courte. Enfin les pincements peuvent modifier les effets de cette taille courte, en
transformant en branches à fruits les bourgeons à bois
qu'elle fait produire.

En outre, la longueur de taille nécessaire pour faire ouvrir les yeux varie elle-même suivant l'espèce, l'âge de
l'arbre et la nature du sol. C'est surtout en observant les
résultats de la taille précédente que le jardinier doit diriger
chacun de ses arbres et modifier souvent l'application des
principes. La pratique de la taille exige donc beaucoup de
discernement.

Mais il ne suffit pas de donner une bonne forme à l'arbre,
il faut surtout le mettre à fruit ; pour cela on taille en couronne les bourgeons inutiles à sa forme, on casse les brindilles ; on dirige la taille de manière à amener, autant que
possible, chaque membre à l'horizontalité, sans y souffrir de
branches verticales. Si quelques branches ont résisté au pincement répété, on peut les courber en attachant leur extrémité avec un fil aux branches inférieures. Si l'arbre tend trop
à s'élever, on peut même courber sa flèche ou lui faire une
incision annulaire étroite. Nous reviendrons plus tard sur
ces derniers procédés.

Le pincement doit se faire en général de bonne heure, sur des pousses de $0^m,02$ à $0^m,03$, sur les branches surtout qui, par leur position, pourraient prendre trop de force; on prévient par ce pincement précoce le grossissement des bourgeons, qu'on eût été obligé, si on les eût laissés grossir, de contenir pendant la saison par des pincements répétés; d'ailleurs le pincement précoce refoule plus efficacement la séve dans les parties de l'arbre qu'on veut renforcer.

L'*ébourgeonnement* diffère du pincement en ce qu'il supprime les bourgeons inutiles, tandis que le pincement ne fait que les réduire; il se pratique un peu plus tard, alors que les bourgeons ont atteint $0^m,03$ à $0^m,04$; en enlevant le bourgeon on laisse une feuille de sa base. L'ébourgeonnement se répète, dans la saison, au repos de la séve; alors encore, lorsque le bourgeon qui doit prolonger la pyramide, ou un de ses bras, a pris une mauvaise direction, ou lorsqu'il est trop faible, on rabat sur un bourgeon mieux placé ou plus fort; et réciproquement, si la tige ou l'un des bras tendait à s'emporter sur un bourgeon terminal trop vigoureux, on le rabattrait sur un autre plus faible. C'est là ce qu'on appelle la *taille en vert*, taille en quelque sorte anticipée, mais plus efficace pour ramener l'équilibre nécessaire que la taille du printemps; elle prévient en outre, dès leur principe, l'emportement de certaines branches ou la déformation de l'arbre qu'amènerait la mauvaise direction de quelques autres.

Dans toutes les méthodes de taille, qu'il s'agisse de pyramides, d'espaliers ou de gobelets, d'arbres à pepins ou d'arbres à noyaux, il faut, en général, favoriser l'allongement et la vigueur des branches qui doivent servir à la charpente de l'arbre, et en même temps maintenir par des pincements réitérés au besoin, de manière à en faire des productions fruitières, les bourgeons qui n'ont pas naturellement cette destination.

Tels sont les principes qu'on doit suivre pour la taille des arbres en pyramide.

Maintenant, il nous semble qu'il ne serait pas superflu de donner de la méthode un résumé clair et précis, qui pût servir de manuel pratique.

## II. — *Directions pratiques.*

Disons d'abord les conditions qu'on se propose de remplir à l'aide de cette taille.

1. La tige doit être verticale et ne point s'élever trop haut.

2. Les membres qui partent de la tige doivent rester, autant que possible, horizontaux, ne point faire confusion, et, pour conserver la forme pyramidale, diminuer de longueur et de force à mesure qu'ils sont placés plus haut le long de la tige.

3. Le fruit surtout doit se montrer sur toutes les parties de l'arbre.

Arrivons maintenant aux moyens à employer pour obtenir ces résultats.

L'année de la plantation, on rabat son sujet sur une longueur telle que tous les yeux conservés puissent s'ouvrir pour donner des bourgeons; si l'arbre était greffé sur place, on le taillerait de manière à supprimer, en moyenne, les deux tiers de la longueur du bourgeon; on taille plus court s'il est transplanté. A la pousse, on pince les deux ou trois bourgeons les plus près du terminal, pour qu'ils ne prennent pas plus de force que les bourgeons inférieurs et que le terminal lui-même. On choisit ensuite, à partir de 0$^m$,30 du sol, le long de la tige, quatre, cinq, six bourgeons, suivant la longueur de la taille, pour établir le premier étage des bras de la pyramide; on pince de très-près tous les autres bourgeons pour en obtenir des brindilles et des dards; plus tard, on

enlève les bourgeons inutiles. A la fin de juillet on casse
ceux des bourgeons pincés qui se seraient transformés en
branches à bois, et on ébourgeonne encore, c'est-à-dire
qu'on enlève, *en leur laissant une feuille,* tous les bourgeons mal placés qui feraient confusion.

A la taille de la seconde année on doit déjà agir d'une
manière différente pour celle des tiges et pour celle des
bras ; celle de la tige se fait à une longueur telle que tous
les yeux qu'on lui laisse soient forcés de s'ouvrir ; on taille
ensuite sur couronne, soit les bourgeons placés près du terminal, soit ceux qui, pincés dans la saison précédente, n'annoncent pas de production fruitière ou ne doivent pas servir
à la charpente de l'arbre ; et on retranche tous les bourgeons
inutiles. Quant aux bras, on les taille de manière à tenir
plus longs ceux qui sont près de terre, et plus courts successivement ceux qui s'en éloignent davantage. La taille
s'asseoit sur un œil placé *au-dessous* du bourgeon, afin de
maintenir autant que possible les bras dans une direction
horizontale.

A la pousse, on pince sur la tige, comme l'année précédente, les deux ou trois bourgeons situés près du terminal,
ainsi que ceux qui s'annoncent comme rameaux à bois, et dont
on n'a pas besoin pour former des bras. Sur les bras, on pince
tous les bourgeons qui n'annoncent pas de fruits, et plus
sévèrement ceux qui prennent une direction verticale. A la
fin de juillet, on pince et on casse sur ces mêmes bras les
bourgeons qui ne promettent pas de se mettre à fruit, et on
enlève ceux qui paraissent tout à fait inutiles.

A la troisième année, on continue à tailler, sur la tige verticale, le bourgeon terminal de manière à ce que tous ses
yeux s'ouvrent ; on rabat sur couronne les bourgeons pincés qui ne se sont pas mis à fruit et qui ne doivent pas
servir à la charpente de l'arbre. Sur les bras, on retranche
les bourgeons verticaux et ceux qui, bien qu'inutiles, n'ont

pas été enlevés lors de l'ébourgeonnement. On taille le bourgeon terminal de manière à faire ouvrir tous ses yeux, et
à une longueur telle qu'il se trouve plus court que le bras
inférieur et plus long que le supérieur; enfin on casse ou
on taille sur couronne tout ce qui n'annonce pas de fruit;
mais, à mesure qu'on descend, on emploie avec plus de
discrétion le cassement et la taille en couronne, qui éner-
veraient les bras inférieurs. Il est temps, à la taille de la
troisième année, de ménager quelques bifurcations; on
conserve donc et on taille, sur le côté des bras, des bourgeons convenablement placés pour remplir le vide que
laisse chaque membre en s'éloignant de son origine. A la
pousse, on pince sur la flèche les bourgeons placés près du
terminal, tout en respectant ceux qui doivent former de
nouveaux bras. Sur les bras, on pince tout ce qui se dispose à se mettre bois, à l'exception des bourgeons terminaux et de ceux des petites bifurcations latérales. Au mois
de juillet, on casse à la moitié de leur longueur les brindilles, et par leur bout les bourgeons un peu forts; on
enlève ceux qui paraissent inutiles.

Dans les années suivantes, on maintient la forme pyramidale de l'ensemble en continuant de donner plus de
longueur aux branches inférieures. Si quelque membre
supérieur tend à prendre la prééminence, on le rabat sur
un bourgeon faible, et on y pratique plus sévèrement dans
la saison les pincements ou les cassements nécessaires; on
taille, au contraire, les membres faibles sur les bourgeons
les plus forts, et on y pince moins et plus tard.

Il n'est pas rare que le bourgeon qui suit immédiatement
le terminal prenne souvent sur ce dernier un ascendant
nuisible. Pour parer à cet inconvénient, M. Jard éborgne,
au moment de la taille, l'œil placé au-dessous de celui qu'il
destine à continuer la tige de l'arbre. Il donne par là à l'œil
terminal, s'il n'est point éventé par une taille trop courte,

2

plus de chance de conserver la supériorité qui lui est nécessaire.

Avec les procédés que nous venons d'indiquer, les bras
doivent se garnir dessus et dessous de branches à fruits ; et
comme, à mesure qu'ils s'éloignent de leur point d'attache
sur la tige de l'arbre, ils doivent occuper plus d'espace,
on leur ménage des bifurcations pour remplir convenablement et sans confusion cet espace ; mais il faut que ces
sous-bras ne l'emportent pas sur celui qui leur a donné
naissance ; d'ailleurs ils doivent être conduits comme les
bras eux-mêmes, c'est-à-dire maintenus horizontalement et
mis à fruit par le pincement, le cassement et la taille en
couronne.

Il y a quelques soins à prendre pour conserver entre
les membres une distance convenable ; Lelieur recommande
de les choisir de manière à ce qu'ils représentent les mar-
ches d'un escalier autour de son noyau, ou, ce qui revient
au même, le cordon ou filet en spirale d'une vis autour
de son axe. Chaque année on établit, avec de nouveaux bras,
une portion du cordon de spirale ; les bourgeons qu'on
choisit pour former les bras doivent avoir entre eux, en
moyenne, dans le sens vertical, une distance de $0^m,20$ ;
l'intervalle entre ces étages de branches doit être plus ou
moins grand suivant la vigueur des arbres et suivant la
disposition que montrent leurs bras à se prêter à la direction horizontale qu'on veut leur donner ; on tient la distance
plus grande lorsque les bras tendent, malgré les efforts que
l'on peut faire, à se rapprocher de la direction verticale ;
on la diminue lorsqu'ils se maintiennent facilement dans la
direction horizontale, parce qu'alors l'air et le soleil y ont
plus facilement accès.

Il est essentiel de remarquer que la distance qui sépare
les membres entre eux dans le sens horizontal s'accroît sensiblement par le grossissement de l'arbre, et que deux bras

voisins qui, dans leurs premières années, placés sur une
même ligne horizontale, se touchaient presque, peuvent arriver à s'éloigner sensiblement par l'effet seul du grossissement de l'arbre.

Il est très-important d'éviter la confusion, qui prive les
membres trop rapprochés des influences atmosphériques
nécessaires à la fois à la fructification et à la bonne qualité
des fruits; il ne nous semble donc pas à propos d'employer
plus de six bourgeons pour former un cercle ou cordon
entier de spirale. On doit aussi éviter, autant que possible,
que les membres de deux étages voisins se trouvent sur une
même ligne verticale, parce qu'ils se dérobent ainsi mutuel-
lement les influences d'air et de lumière.

On arrive souvent, dans la taille en pyramide, à trop
multiplier les membres : c'est le défaut qu'on rencontre
presque partout. Nous avons vu, dans des jardins bien cultivés, des arbres, taillés suivant la méthode nouvelle, dont
les membres trop serrés se nuisaient évidemment. Avec
le temps, le développement des bras en longueur leur
donne de l'espace dans le sens horizontal, si on ne multiplie pas trop les bifurcations; mais leur distance dans le
sens vertical, si dans le principe elle n'a pas été suffisante,
diminue, au contraire, à mesure que ces bras grossissent.
Ainsi donc, lorsque les branches d'un arbre se nuisent par
leur proximité, on ne doit pas hésiter à retrancher ceux de
ces bras et les bifurcations qui font confusion. Il faut absolument que l'air et le soleil pénètrent partout à travers les
branches garnies de feuilles et de fruits; les membres, dans
les jeunes pyramides, doivent donc être maintenus très-
éloignés, afin qu'ils ne fassent pas confusion dans l'arbre
arrivé à l'âge adulte.

# CHAPITRE III.

## Méthode de M. Chopin.

La méthode que nous venons de décrire, et que nous jugeons préférable aux anciennes, a cependant subi des modifications à l'aide desquelles on a cherché et même réussi à augmenter son pouvoir fructifère. M. Chopin, à Bar-le-Duc, en s'en éloignant quelque peu, obtient annuellement, dans un petit jardin, sur ses pyramides, plusieurs milliers de poires. On a longtemps, autour de lui, admiré les résultats qu'il obtenait sans se décider à l'imiter. Cependant la beauté de ses arbres, leurs produits nombreux et presque littéralement annuels, ont convaincu les plus incrédules. On lui a demandé, et il a publié, sur la conduite de ses arbres en pyramides, et sur celle des pêchers en espaliers, un ouvrage qui en est à sa seconde édition. Son procédé s'est propagé; les arbres du jardin du Barrois, ceux mêmes de l'Ecole de Médecine, à Paris, sont conduits dans ce système; nous l'avons retrouvé à Saint-Dié en Lorraine, on le rencontre en Flandre et en Belgique ; mais on ne s'explique pas comment nulle part on ne parle de son origine, ni de l'arboriculteur qui lui a donné naissance, quand son ouvrage est publié depuis près de vingt ans et arrivé à sa seconde édition.

Mais résumons sa méthode.

Il plante des arbres de deux ou trois ans de greffe, tels qu'on les reçoit le plus souvent des pépinières; il taille à 0$^m$,06 les branches du bas, à 0$^m$,03 celles du milieu, sur leur couronne celles de l'extrémité, et il réduit le bourgeon terminal à 0$^m$,12 ou 0$^m$,15. A la pousse, il pince les bourgeons qu'il veut contenir ou amener à fruit, réduit, au mois de mai, à moitié ou au deux tiers les bourgeons les plus forts, et au mois de septembre les plus faibles.

Au printemps de la seconde année, il taille à deux ou trois yeux les bras inférieurs, réduit en montant sa taille à deux yeux, puis à un œil, taille sur couronne les bourgeons placés près du terminal, et à 0$^m$,50 le terminal lui-même. Il laisse avec soin tous les dards dont il attend des pousses fructifères, pince sévèrement, à la pousse, à plusieurs reprises s'il le faut, les bourgeons de la partie supérieure de l'arbre, et ceux qui, malgré la taille sur couronne, annoncent trop de vigueur. Il pince pendant la saison les bourgeons qu'il veut contenir, ravale en mai les bourgeons forts, et en septembre les faibles.

A la troisième année, il continue, dans le bas de son arbre, à tailler sur deux ou trois yeux, et, à mesure qu'il monte, successivement sur deux yeux ou un œil, et en couronne. Il conserve partout dards, bourses et lambourdes, casse les brindilles, et taille sur couronne les branches qui s'annoncent trop vigoureuses. A la pousse, il pince d'autant plus sévèrement qu'il approche plus du sommet et que les branches annoncent plus de vigueur. Il enlève au mois de mai les bourgeons inutiles, réduit à moitié, en septembre, les branches fortes, et les plus faibles à deux ou trois yeux.

A la quatrième année, la taille se fait comme dans les années précédentes; mais elle se réduit à très-peu de chose si, dans le courant de l'année qui a précédé, on a pincé et ébourgeonné avec soin.

Ces arbres, arrivés à leur entier développement, ont 4 à 5 mètres de hauteur, et à peine 0$_m$,50 à 0$_m$,60 de diamètre à la base. M. Chopin a ainsi obtenu un plein succès; mais il avait un petit espace dans lequel il voulait avoir beaucoup d'arbres et beaucoup de fruits; par ce motif il a peut-être

réduit outre mesure le diamètre de la base de ses pyramy-
des. Aussi ses imitateurs donnent-ils aux leurs plus de développement, et nous pensons que c'est avec raison, non-
seulement pour l'agrément de la forme, mais encore, à ce
qu'il nous semble, pour la quantité et la qualité des fruits,
les branches qui les portent ressentant ainsi plus directement, au moyen de leur allongement, les influences atmosphériques de la pluie, de la rosée, de la lumière et de
l'air. De plus, les pyramides, en élargissant leur base, atteignent une moindre hauteur, et c'est la hauteur qui non-
seulement expose davantage les arbres aux coups de vent,
mais encore qui rend leur culture pénible et souvent même
dangereuse.

M. Chopin emploie beaucoup l'incision annulaire; il a
incisé presque tous ses arbres à 0$^m$,25 ou 0$^m$,30 au-dessus de
la greffe, et répété l'opération à diverses hauteurs; nous serions disposé à penser que ce serait à cette pratique qu'il
devrait en partie son abondante fructification de tous les
ans.

# CHAPITRE IV.

## Méthodes flamande et belge.

La taille de M. Chopin, en se répandant, a subi de nouvelles
modifications ; d'après le rapport de M. Masson, chargé de la
direction du jardin de la Société d'Horticulture de Paris, on
la trouve beaucoup simplifiée en Flandre et en Belgique.
Cette simplification consiste à rabattre, à la fin de l'hiver,
toutes les branches à bois latérales à un ou deux yeux, à ménager les dards, les lambourdes, et à casser à moitié les brindilles. Dans le cours de la saison, on se dispense de pincer,

d'ébourgeonner ; on se contente, au mois d'août, de casser les plus forts bourgeons latéraux pour concentrer la séve dans les fruits et les lambourdes. Réduite ainsi à ses plus simples termes, cette méthode conviendrait beaucoup, à ce qu'il nous semble, aux amateurs et aux jardiniers qui ne peuvent consacrer que peu de temps à soigner leurs arbres.

M. Masson, qui a pratiqué la taille au potager de Versailles et qui l'a professée à Grignon, après avoir blâmé cette méthode, en est devenu partisan en voyant ses résultats ; ceux qui la pratiquent trouvent qu'elle fait donner aux arbres des fruits plus beaux, plus colorés et meilleurs que tous les autres systèmes. En réduisant les arbres à de faibles dimensions en diamètre, elle offre aux amateurs le moyen de réunir, dans un espace resserré, un grand nombre de variétés, et de les mettre promptement à fruit. Mais c'est surtout aux pépiniéristes qu'elle offre de notables avantages ; elle leur permettrait de rassembler dans un petit espace leur école fruitière et leurs porte-greffes ; ils pourraient ainsi y maintenir plus facilement l'ordre nécessaire pour prévenir les erreurs si fréquentes dans la vente et si fâcheuses pour leur réputation. C'est dans une semblable agglomération d'arbres, d'une comparaison facile, qu'ils peuvent étudier les différences qui caractérisent les diverses variétés, et acquérir ce coup d'œil, si nécessaire à tout pépiniériste, qui leur fait distinguer les espèces fruitières au port de l'arbre, aux différents caractères des bourgeons, des feuilles, et à la forme des fruits.

Il vient de paraître sur la taille des arbres en pyramide un nouvel écrit de M. Lasnier, de Sens ; sa méthode se rapproche beaucoup des deux dernières que nous venons d'analyser. Il taille de même à deux ou trois yeux dans le bas, et successivement, en montant, à deux yeux, un œil et en couronne, jusqu'à la flèche, qu'il taille à un ou deux yeux. Il emploie le pincement et l'ébourgeonnement pour maintenir la prépondérance des branches inférieures sur les supérieures. Mais ce qui le distingue de ceux qui l'ont précédé, c'est qu'il classe les variétés de poiriers en trois catégories : les plus fécondes, celles d'une fécondité moyenne, et celles qui se mettent à fruit difficilement ; il donne même le nom des poiriers de ces trois catégories. Il fait ses tailles plus courtes sur la première, et y modère le pincement et l'ébourgeonnement ; sur la seconde, il augmente d'un œil ou de deux la longueur de ses tailles et éloigne un peu plus ses bras ; dans la troisième catégorie, enfin, il emploie d'une manière plus sévère le pincement, le cassement, l'ébourgeonnement, et au besoin l'arcure, et donne plus de place à ses membres plus vigoureux. Nous sommes disposé à croire au succès de cette méthode et à regarder M. Lasnier comme un praticien instruit ; ses branches, auxquelles il attribue une distance normale de 0m,12 à 0m,15, nous semblent bien un peu voisines ; mais à mesure qu'elles s'éloignent de leur point d'attache, surtout en ne multipliant pas les bifurcations, l'air et le soleil peuvent encore y avoir accès. D'ailleurs sa méthode, les longueurs de taille qu'il assigne, ses catégories de fructification, doivent nécessairement être modifiées suivant la qualité du sol et les influences du climat. Après cela, M. Lasnier est-il inventeur ou imitateur ? Il ne le dit point, et nous ne nous permettrons pas de décider.

## CHAPITRE V.

.

### Résumé sur la taille en pyramide.

1. Dans les différentes modifications de la taille des arbres en pyramide que nous venons de développer, les principes sont les mêmes : les bras doivent diminuer successivement de longueur à mesure qu'ils s'approchent du

sommet de l'arbre et décrire une espèce de spirale, ou
plutôt une vis autour de la tige qui en forme noyau; le
pas de la vis, c'est-à-dire la distance verticale entre deux
filets ou les deux rangs voisins de branches, reste fixe;
la hauteur du filet, que représente la longueur des bras,
va sans cesse diminuant du bas en haut, pour finir par se
confondre au sommet de la pyramide avec la tige verticale.

2. Si on considère les bras isolément, on remarque qu'à
partir de la tige, et à mesure qu'ils s'en éloignent, ils vont
en s'élargissant dans le sens horizontal; mais comme leur
distance verticale est faible et ne change pas, on doit amener la végétation à ne produire sur leurs surfaces inférieure
et supérieure que des lambourdes et des boutons à fruits,
en pinçant sévèrement toute pousse à bois. Cela est d'autant plus nécessaire que l'espace de $0_m,20$, en moyenne,
qui sépare deux étages de branches, doit contenir les
bourgeons qui se développent au-dessus et au-dessous des
membres : il faut donc y éviter la confusion et l'enchevê-
trement des branches supérieures d'un membre avec les
inférieures du membre voisin, confusion qui empêcherait
l'accès de l'air et du soleil, et nuirait essentiellement à la
quantité comme à la qualité des fruits.

On sent bien, du reste, que la forme en quelque sorte
géométrique que nous assignons à nos arbres ne peut être
tout à fait régulière; elle est seulement le but dont on
doit chercher à s'approcher autant que possible. Les diverses variétés d'arbres fruitiers, les différentes natures de
sol donnent lieu, dans la végétation, à des développements
variés qui imposent à ceux qui taillent la nécessité d'y sub-
ordonner plus ou moins leurs procédés. Il faut donc, pour
une bonne application de la taille, outre un certain degré
d'intelligence et la connaissance des bonnes méthodes, une
assez longue pratique; ce n'est guère que par la comparaison successive et annuelle des résultats qu'on peut appli-

quer à chaque arbre la direction qui lui convient le mieux.

3. Dans la pyramide, la tige est le point d'attache de toute la charpente; c'est elle qui fournit chaque année de nouveaux membres à l'arbre; ces membres ou bras doivent porter sur toute leur longueur des productions fruitières, soit qu'elles y naissent naturellement, soit qu'on en provoque la naissance par des pincements, des torsions et des cassements. Leur bourgeon terminal sert à les prolonger et à faire naître des bifurcations pour garnir l'espace horizontal que les bras, en grandissant, laissent entre eux.

4. La forme pyramidale est plus sujette à varier que celle en espalier et en gobelet, qu'on peut généralement donner à toutes les espèces d'arbres fruitiers. Dans l'espalier, le placage contre les murs, l'application des branches contre des lattes ou sur des murs avec des loques; dans le contre-espalier, la fixation des branches sur le treillage; dans les gobelets, les étages de cerceaux assujettissent les arbres à la forme qu'on s'est proposé de leur faire prendre. Dans la pyramide, au contraire, les branches ne sont point attachées; elles obéissent à leur direction naturelle, et échappent souvent aux efforts qu'on fait pour les amener à l'horizontalité, forme la plus favorable à la production des fruits et à l'accès de l'air et du soleil dans le centre de l'arbre. Dans certaines variétés, tous les bourgeons tendent à s'élever verticalement; dans d'autres, ils sont obliques ou horizontaux; dans d'autres, enfin, ils se courbent inégalement. Il serait donc difficile, à moins d'employer des points d'attache, comme dans les formes qui précèdent, de parvenir à donner aux pyramides d'espèces diverses une forme identique; si on s'obstinait à vouloir leur imposer cette condition, on y perdait du temps et des fruits. Nous n'avons vu de pyramides tout à fait régulières que celles de M. Massé, à Versailles, dont les branches avaient toutes été ramenées artificiellement à une forme symétrique par la

courbure ; cependant nous pensons qu'avec la méthode de
M. Chopin ou la méthode belge, qui n'allonge annuellement
les bras que de 0m,10 à 0m,12, on peut approcher de la régularité.

5. Il est encore un principe général qui s'applique à tous
les arbres qu'on veut former en pyramides ou en espaliers :
c'est qu'il faut faire en sorte que les premières pousses soient
vigoureuses, afin que chaque branche ou chaque étage de
branches se forme, dès le principe, de larges canaux de
séve, et que chacun d'eux puisse, au moyen de l'année d'a-
vance qu'il a sur la branche ou sur l'étage supérieur, maintenir facilement sa prépondérance, malgré sa position moins
favorable. Ce but est d'autant plus difficile à atteindre que
les arbres, surtout ceux qu'on vient de transplanter, ont généralement, dans la première et la seconde année, beaucoup
moins de vigueur que dans les années subséquentes, et que,
par conséquent, à moins de soins particuliers, les branches
qui doivent en former la base, moins vigoureuses dans leur
principe, pourvues de canaux séveux plus étroits, absorbent
naturellement moins de séve que celles qui prennent naissance dans les années où l'arbre a acquis de la vigueur.

Il serait donc nécessaire, dans la formation des espaliers comme des pyramides, pour assurer aux membres inférieurs la prépondérance sur les supérieurs, de concentrer
sur chaque paire de membres horizontaux dans l'espalier,
sur chaque étage de branches dans la pyramide, toute la
puissance de végétation d'une année entière. C'est lorsqu'on
n'a pas pris ce soin qu'il arrive fréquemment qu'on ne peut
pas donner, ou du moins conserver, aux branches inférieures, la supériorité dont elles ont besoin ; dans ce cas, elles
périssent et le bas de l'arbre se trouve dégarni. C'est pour
assurer plus de force aux membres inférieurs qu'on exige que
les pêchers pour espaliers n'aient au moment de la plantation que la pousse d'un an, pourvue de bons yeux non pous-

sés ; en effet, les yeux développés n'ont ordinairement donné
que des bourgeons anticipés qu'on transforme difficilement
en branches vigoureuses, tandis qu'on en obtient plus facilement d'yeux qui ne poussent qu'au printemps. On devrait
agir de même pour les arbres qu'on destine à former des
pyramides ; mais le plus souvent ces arbres ont, outre deux
ou trois ans de greffe, des branches faibles dans le bas et des
branches fortes dans la partie supérieure ; il est alors très-
difficile de donner de la vigueur aux unes et d'affaiblir les
autres, et il serait souvent préférable de rabattre l'arbre à
0$^m$,25 ou 0$^m$,30 de la greffe, afin d'en obtenir un bourgeon
vigoureux sur lequel on élèverait sa pyramide.

6. Il n'est pas à propos de chercher à accélérer le développement de l'arbre dans le sens vertical ; il n'y a point de perte
de temps à retarder son élévation, parce qu'on peut utiliser
au profit du développement des membres inférieurs toute la
force qui se serait portée vers les parties supérieures. La
direction des parties élevées des arbres soumis à la taille offre
beaucoup de difficulté ; il faut le secours de l'échelle, qu'on
n'a pas toujours sous la main et dont l'usage n'est pas sans
danger. Dans la forme pyramidale, les grands arbres se portent plus d'ombre, les fruits qui se développent dans le haut
résistent beaucoup plus difficilement aux vents et à tous les
accidents atmosphériques ; cependant, lorsque le terrain
manque, la dimension en hauteur n'en dépensant point, on
obtient des grands arbres, avec une même étendue de terrain, plus de surface fructifiante que des petits.

7. Enfin, pour achever de formuler notre pensée sur les
arbres en pyramides, nous dirons qu'il est plus difficile de les
conduire avec régularité, et même d'en obtenir du fruit, que
des autres formes usitées ; on est obligé d'y combattre plus
assidûment la tendance naturelle de la séve à se porter vers
les branches supérieures ; ces branches doivent toujours être
maintenues plus courtes et plus faibles pour conserver plus

longues et plus fortes les branches inférieures, où la séve
afflue moins abondamment; les retranchements qu'on fait
aux parties supérieures, malgré la taille en couronne et les
pincements, tendent plutôt à faire repousser du bois qu'à
développer des productions fruitières; aussi rencontre-t-on
très-rarement un ensemble de pyramides donnant abondamment du fruit.

La direction normale des membres d'une pyramide doit
être horizontale; mais un grand nombre de variétés ne se
prêtent qu'à regret à prendre cette position; quelques arboriculteurs soigneux, à l'aide de petites branches fourchues
qu'ils butent contre la tige, parviennent à en écarter les
membres qui s'en rapprochent trop; mais ces soins minutieux prennent beaucoup de temps et ne peuvent pas même
se multiplier; d'ailleurs il faudrait chaque année recommen-
cer ce travail pour chaque bras, parce que le bourgeon terminal de chacun d'eux tend à reprendre la direction verticale. Cependant la forme pyramidale, adoptée il y a presque
un siècle, continue d'être en vogue; elle se multiplie même
plus que jamais, parce qu'elle donne peu d'ombre, prend peu
de place, permet de réunir sur un espace resserré un grand
nombre des variétés qui surgissent tous les jours; on en
peuple les plates-bandes des jardins légumiers, et on en forme, sous le nom de *Normandies*, des massifs qui offrent
beaucoup d'intérêt aux amateurs qui veulent comparer les
variétés nouvelles aux anciennes. C'est donc une raison
d'étudier soigneusement la conduite de ces arbres, et surtout
de chercher avec persévérance des moyens de plus en plus
sûrs d'en obtenir du fruit.

# DEUXIÈME PARTIE.

## MODE DE VÉGÉTATION ET TAILLE DU PÊCHER.

Parmi les principes que nous venons de développer, le pincement et la taille longue des branches trop faibles, la taille courte des branches trop fortes, s'appliquent à tous les systèmes de taille et à toutes les espèces d'arbres fruitiers. Mais la taille en couronne ne convient qu'à ceux qui ont des germes de sous-yeux dans leur couronne; le cassement est rejeté pour les arbres sujets à la gomme; il faudra donc, pour ces espèces, des directions différentes; c'est de ce sujet que nous allons nous occuper.

Nous ne décrirons pas dans toute leur étendue les diverses méthodes de taille du pêcher; on les trouve dans une foule de bons ouvrages, et nous ne ferions que répéter ce que d'autres ont déjà dit avant nous. Nous nous attacherons spécialement aux questions qui sont peu développées ailleurs ou que nous envisageons d'une manière différente.

## CHAPITRE Iᵉʳ.

### Végétation comparée des arbres à pepins et du pêcher.

1. Avant de nous engager dans les détails que nous devons donner, il nous semble à propos de faire ressortir

d'une manière spéciale les principaux traits qui distinguent la végétation des fruits à pepins de celle du pêcher ; c'est sur ces traits caractéristiques que s'établit la taille dans ces deux familles d'arbres à fruits.

Les arbres à pepins, pommiers et poiriers, ne donnent leur récolte qu'au bout d'un certain nombre d'années ; leur jeunesse et leur vie sont de longue durée ; ils tendent en général à pousser plus de bois que de fruits, et ces fruits, ils ne les forment que lentement. Ils s'établissent d'abord une charpente au moyen de leurs branches à bois ; ces branches se garnissent sur toute leur longueur de boutons dont chacun recèle même le germe de deux sous-yeux ; mais on ne voit guère s'ouvrir dans la saison suivante que les boutons de chaque moitié de branche, ceux qui se sont développés sur l'extrémité libre ; les autres, ainsi que les sous-yeux, restent en quelque sorte endormis pour s'ouvrir plus tard, en cas de nécessité, ou même, si la taille les y force, ils disparaissent sous l'écorce ; mais leur germe reste à l'état d'yeux latents qui s'ouvrent au besoin, et cela après une longue suite d'années.

Ce n'est que lorsque l'arbre a employé la vigueur de sa jeunesse à pousser du bois qu'il commence à produire des bourgeons sur lesquels s'établissent des promesses de fruits, des rosettes de feuilles, et de petites branches perpendiculaires, courtes, dont les boutons, au lieu de devenir des branches à bois, se garnissent aussi de rosettes de feuilles sans s'allonger ; à la chute des feuilles il reste à leur place un petit bouton pointu. L'année suivante, le nombre des feuilles de la rosette augmente, le bouton devient obtus, et développe d'ordinaire, la troisième année, un bouquet de fleurs. Il faut donc trois et quelquefois même quatre ans pour qu'un de ces boutons donne du fruit ; et encore, dans les très-jeunes arbres, le bouton de rosette reste fréquemment stérile ou se transforme en bourgeon à bois.

Cependant, sans qu'on puisse en donner la raison, il arrive assez souvent que le bouton terminal de quelques bourgeons, et même des boutons intermédiaires, se change en production fruitière dans le cours d'une fin de saison; ce fait a lieu chez certaines variétés, et dans la plupart même lorsqu'on en a courbé les branches à la taille ou qu'on a pratiqué sur l'arbre ou la branche une incision annulaire. Mais lorsque ces fruits sont placés à l'extrémité de branches flexibles, ils sont sujets à être abattus par le vent.

Un assez grand nombre de variétés de fruits à pepins sont *saisonnières*, c'est-à-dire qu'elles donnent peu ou point de fruits dans l'année qui succède à une année féconde; il en est cependant qui échappent à cet inconvénient, et les arbres soumis à la taille y sont beaucoup moins sujets, parce qu'on leur retranche chaque année une partie de leurs fruits.

Nous avons dit que la jeunesse des arbres à pepins est longue; six, dix, douze ans, et quelquefois plus, sont nécessaires pour que l'arbre issu d'un pepin donne du fruit; mais les bourgeons portés sur un sujet en âge de fructifier, aidés par des procédés que nous développerons plus tard, peuvent abréger ce temps. Les boutons à fruit sont recouverts d'écailles.

Les arbres à pepins craignent beaucoup plus la gelée qu'on ne le suppose ordinairement; alors même qu'elle ne semble pas nuire à leurs tiges ni à leurs branches, elle frappe de mort leurs boutons à fruits de divers âges. Ainsi, une forte gelée emporte la récolte de deux et même quelquefois de trois ans. Un premier coup d'œil ne laisse apercevoir le désastre que sur les boutons à fruits qui devaient se développer au printemps suivant; mais, si on y regarde de près, on trouve morts aussi les boutons à fruits de deux ans, et même, suivant l'intensité du froid, ceux formés l'année précédente. Ces arbres alors ne produisent quelques fruits rares que sur des boutons fructifères adventices qui naissent par la courbure ou par d'autres causes que nous ne connaissons pas. La gelée, à ce qu'il semble, exerce des ravages plus fréquents et plus redoutables dans les terrains humides à sous-sol imperméable ; les liquides séveux que recèlent les arbres pendant l'hiver sont beaucoup plus aqueux dans les sols qui conservent l'eau ; aussi se glacent-ils à une température qui n'attaque pas les sucs séveux plus condensés des arbres placés dans un terrain qui s'égoutte avec facilité. C'est un fait d'observation qu'on oublie trop souvent lorsqu'on fait des plantations en terre humide ; il serait alors toujours essentiel au succès de donner au sol qui renferme les racines des arbres un moyen, quel qu'il fût, de se débarrasser de ses eaux surabondantes.

Cet effet de la gelée se remarque dans les bois à sol humide, où il frappe surtout les chênes et les châtaigniers, dans les champs, où il atteint les noyers, et dans les jardins, où il se fait sentir aux arbres fruitiers à pepins et autres ; mais dans les bois, où l'intérêt et l'observation se portent peu sur les fruits, c'est la tige des arbres qui est plus spécialement frappée, tandis que, dans les jardins, le sinistre, alors même qu'il respecte la tige et les branches, porte spécialement sur les boutons à fruits.

Mais le froid n'est pas le seul fléau fatal aux fruits des arbres à pepins ; les chaleurs intempestives, pendant ou après la floraison, font périr souvent ceux déjà retenus ; les jeunes fruits, et particulièrement les poires, noircissent et tombent alors sans cause apparente. Nous avons remarqué que cet accident se montre assez souvent après quelques jours de chaleur sèche dans le commencement de mai. Il n'en est pas de même des pêchers et des abricotiers, aux fruits desquels cette température paraît tout à fait favorable.

Toutes les circonstances de végétation que nous venons de signaler dans les fruits à pepins sont la base rationnelle de la méthode de taille que nous avons développée ; cette

taille, quand elle est bien appliquée, offre le grand avantage
d'abréger en quelque sorte la durée de la jeunesse de l'arbre, de hâter sa fécondité, et de faire tourner en grande
partie à la production du fruit la force de végétation qui,
sans elle, ne donnerait que du bois. En raccourcissant les
bourgeons elle fait ouvrir les boutons du bas qui resteraient
endormis ; par le pincement précoce elle arrête le flux de
séve ascendante, qui produit l'allongement, au profit de la
séve descendante, qui produit le grossissement et les fruits ;
elle transforme ainsi fréquemment la branche à bois en branche à fruit, et les rosettes d'un an en boutons fructifères. Par
le cassement et la torsion, à la fin de la saison, des brindilles
et des dards qui s'allongent trop, elle produit un effet analogue. A l'aide de ces divers moyens, et d'autres que nous in-
diquerons plus tard, elle amène prématurément l'arbre, qui,
abandonné à lui-même, ne produirait pendant plusieurs années encore que des branches à bois, à donner des branches
à fruits. Ainsi la taille bien faite des arbres à pepins crée la
forme, resserre le volume de l'arbre, hâte et assure sa fructification.

2. Le pêcher, dans la marche de sa végétation, montre
des tendances différentes ; sa marche est analogue en plus
d'un point à celle de la vigne et de l'abricotier, tous deux,
comme lui, d'origine méridionale ; sa puissance de végétation
se porte, comme la leur, spécialement sur les extrémités, et
les boutons des bourgeons qui les garnissent sur toute leur
longueur se développent tous dans l'année : double tendance
d'où il résulte que le bas des branches et des tiges se dégarnit, et que la végétation s'éloigne chaque année de la tige
principale et de la naissance des branches. Aussi, dans les
uns et les autres, l'art consiste-t-il à ramener sans cesse la
végétation vers le point de son origine. Espèce exotique, le
pêcher s'est peu modifié dans sa patrie d'adoption ; pour lui
donner de la durée, lui conserver de la végétation sur les

différentes parties de sa tige, on est obligé de le plaquer
contre des murs, de l'abriter par des auvents, des paillassons,
de le tailler avec soin et de le surveiller pendant toute la
saison ; et encore faut-il, pour qu'il réussisse dans ces conditions, que la saison d'abord, le climat ensuite, et enfin le
sol et même le sous-sol, lui soient favorables.

Dans les circonstances ordinaires de sol et de climat qui
ne lui sont pas décidément contraires, lorsqu'on le livre au
plein vent, il ne semble guère destiné à une longue vie,
mais, par compensation, il se hâte de produire ; son noyau
donne souvent du fruit dès la troisième année ; Knight, dans
sa serre chaude, en a obtenu au bout de dix-huit mois. Sa
végétation est à peu près incessante pendant tout le cours
de la saison chaude ou tempérée ; dans l'hiver de 1848-
1849, de jeunes pêchers ont conservé des feuilles, et, sur un
plateau de l'île de Ceylan où la température ne cesse pas
d'être douce, il ne les perd pas, non plus que le cerisier, et
par conséquent végète toute l'année, comme dans la serre
de Knight. Il en serait de même de la vigne dans le sud de
l'Amérique septentrionale ; elle y porte à la fois des fleurs
et des fruits, ce qui est un obstacle à son succès et surtout
à la bonne qualité de son produit ; il en est de même encore dans l'île de Ceylan du pêcher et du cerisier.

Le pêcher produit dans la même année ses branches à
bois et ses branches à fruits ; ses branches à bois sont grosses, grises, longues, et portent les branches à fruits, plus
petites, de couleur verte, qui prennent du rouge du côté du
soleil. Il émet quelquefois, mais trop rarement, de petites
branches à fruits qui poussent en dards, comme sur les arbres à pepins, se couvrent de boutons à fleurs, et durent
souvent plusieurs années, s'allongeant peu et fructifiant
comme les lambourdes. Ses yeux à bois et ses boutons à
fleurs se forment en même temps que le bourgeon qui les
porte. Les boutons à bois du milieu des branches s'ouvrent

dans la même année en bourgeons dits anticipés, pendant que
les yeux du bas et ceux de l'extrémité se forment doubles et
triples, et sont souvent garnis de boutons à fleurs. Ces bourgeons anticipés n'ont pas le même caractère que ceux qui
sortent, au printemps suivant, des yeux qui ont mis plus de
temps à se former ; les yeux de ces derniers sont le plus
souvent doubles et triples, et pourvus en outre de boutons
à fleurs ; les bourgeons anticipés, au contraire, portent dans
le bas des yeux simples, éloignés, et ne montrent des fleurs
que dans leur seconde moitié. Tous les yeux des bourgeons qui ne s'ouvrent pas dans l'année même en bourgeons anticipés s'ouvrent, à moins d'accidents, dans le
printemps qui suit ; on peut donc, dans le pêcher, allonger
la taille à volonté, sans crainte de voir les yeux rester endormis comme dans les arbres à fruits à pepins. Il y a dans
cet arbre surabondance de végétation, puisque ses bourgeons se garnissent le plus souvent d'yeux doubles et triples,
qui se développent tous au printemps suivant et souvent
dans l'année même. Il y a encore surabondance de productions fruitières, puisque la plupart des branches d'un petit
volume se couvrent plus ou moins de boutons à fleurs qui
accompagnent les boutons à bois : aussi des retranchements
nombreux de bois et de fruits sont-ils fort convenables dans
la taille du pêcher bien conduit.

Toutefois les bourgeons anticipés sont loin d'offrir à la
taille le même avantage que les bourgeons du printemps ;
on est obligé de les allonger pour avoir quelques boutons à
fruits. Ils portent souvent, il est vrai, à leur base, des sous-
yeux qui peuvent s'ouvrir pour donner des bourgeons de
remplacement ; mais, alors même qu'ils s'ouvrent, les bourgeons qui en proviennent sont moins vigoureux et moins
productifs que ceux qui poussent au bas des bourgeons
fruitiers taillés à trois ou quatre yeux.

Les boutons simples des arbres à pepins ne sont cepen-

dant pas sans analogie avec les boutons triples du pêcher;
ceux des fruits à pepins sont accompagnés de deux sous-
yeux qui offrent pour eux une ressource dans l'avenir; dans
les bourgeons à œil triple des pêchers, les yeux latéraux
peuvent être regardés comme des sous-yeux, et effectivement l'œil du milieu pousse plus vigoureusement que les
deux latéraux. Le pêcher, arbre du Midi, prodigue à la
fois toutes ses ressources de végétation et de fruits, et les
renouvelle chaque année; l'arbre à pepins, qui appartient plus spécialement au Nord, réserve pour le besoin
des germes nombreux de bourgeons, forme et mûrit à
loisir ses productions fruitières, mais les conserve longtemps, et ses produits sont moins chanceux et de plus de
durée.

Rarement sur le pêcher les branches à bois produisent
ces dards porteurs de fruits dont sont munis les arbres à
pepins, en sorte qu'une même branche ne donne des feuilles ou des fruits que pendant une seule année. Il en résulte
que, dans le pêcher abandonné à lui-même, les branches
se dépouillent successivement chaque année, et que l'arbre
se dégarnit en s'allongeant incessamment; et comme il ne
conserve de végétation qu'à l'extrémité de ses branches, qui
sont les parties les plus délicates et les plus faibles, il suffit
qu'il y soit frappé par l'hiver ou qu'un flux de gomme en
détruise les yeux pour que l'arbre cesse de pousser. Il meurt,
parce qu'il n'a plus d'yeux qu'à ses extrémités et que ces
yeux sont eux-mêmes frappés de mort; il repousse cependant quelquefois de sa tige, mais plus souvent de ses racines, qui conservent encore leur vigueur.

Il n'en est pas de même de l'arbre à pepins; rapproché
sur le vieux bois ou même sur sa tige, il repousse très-faci-
lement. On conçoit la raison de cette différence; alors
même qu'il ne formerait pas de nouveaux germes, il renferme ceux d'yeux nombreux et de sous-yeux qui n'ont pas

3.

poussé; ces germes endormis s'éveillent lorsqu'on refoule la séve en retranchant les branches qu'elle alimentait d'ordinaire. Dans le pêcher, tous les yeux apparents s'étaient ouverts; il n'a pour ressource que les germes de quelques rares sous-yeux du bas des branches, qui ne se seront pas développés. Lelieur remarque que le pêcher greffé et taillé repousse plus difficilement que celui en plein vent; la raison en est que dans l'arbre taillé on force, par suite même du rapprochement, tous les sous-yeux à s'ouvrir, tandis que, dans les pêchers en plein vent non taillés, quelques-uns de ces sous-yeux restent endormis et poussent lorsqu'on rapproche ses branches. De ces différentes circonstances de la végétation du pêcher dépendent les conditions de sa taille, et il était, par conséquent, essentiel de les développer.

Et d'abord, on contient sa tendance à s'allonger en raccourcissant par la taille les branches à bois qui constituent sa charpente; ces branches sont garnies de bourgeons à fruits qu'on taille court eux-mêmes, pour les forcer à reproduire par l'œil le plus près de leur naissance un bourgeon qui doit porter les fruits de l'année suivante. Ce bourgeon, l'année d'après et par les mêmes raisons, se taille encore court, afin qu'il se reproduise de même par un œil placé près de l'insertion de la branche. C'est par ce moyen qu'on entretient la végétation et la vie sur les branches du pêcher en développant sa fécondité.

Le pêcher est si fécond de sa nature qu'alors même qu'on retranche le plus grand nombre de ses branches à fruits, et qu'on réduit de beaucoup celles qu'on conserve, on est souvent obligé, lorsque la saison est favorable, de supprimer encore une partie de ses fruits. C'est en le tenant ainsi sans cesse rapproché qu'on prolonge sa vie, qui s'éteindrait bientôt dans nos climats si on l'abandonnait à lui-même.

Cependant nous avons vu pendant plusieurs années un pêcher plein-vent qui, sans être soumis à la taille, portai ses fruits sur dards et concentrait ainsi sa végétation presque à l'égal des poiriers et des pommiers; ses produits étaient médiocres, mais cette qualité spéciale de porter des fruits sur lambourdes pouvait se propager par le semis. Nous n'avons eu cet arbre que peu de temps à notre disposition; un hiver l'a frappé et a détruit toute espérance de voir continuer dans sa descendance sa manière de fructifier.

Le pêcher est éminemment productif; dans l'Amérique septentrionale on fabrique de l'eau-de-vie avec son fruit; dans nos climats, sur les sols qui lui conviennent et dans les années favorables, il donne aussi en plein vent d'abondants produits; mais abandonné à lui-même il ne vit pas longtemps. Cependant M. Dalbret cite, dans les environs de Paris, des communes où certaines variétés greffées durent et produisent des fruits pendant quarante ou cinquante ans; leur durée ne serait-elle pas due à une taille annuelle qui prolongerait leur vie par le remplacement?

Il serait donc probable qu'avec un climat et un sol favorables, et à l'aide d'une taille annuelle dirigée de manière à maintenir un rapprochement suffisant, on pourrait avoir en plein vent des pêchers de longue durée, et nous pensons que le fruit, loin d'y perdre, y gagnerait en qualité, comme toutes les autres espèces fruitières.

Ces différences dans la marche de la végétation et de la fructification du pêcher exigent donc, comme nous venons de le dire, des procédés spéciaux, dont les uns répriment la fougue de sa végétation, la tendance de la séve à se porter à l'extrémité des branches, et dont les autres provoquent chaque année le remplacement des bourgeons fructifères par d'autres de même nature qu'on fait naître le plus près possible du corps de la branche qui les porte. C'est ce remplacement qui constitue à vrai dire la différence la plus essentielle entre la taille du pêcher et celle des arbres à fruits à pepins; une fois comprise, elle n'a rien de difficile en soi dans les lieux où la végétation du pêcher est régulière.

Les arbres à fruits à noyaux sont sujets à deux maladies qui leur sont particulières, la *cloque* et la *gomme*; mais elles sont beaucoup plus funestes au pêcher qu'aux autres espèces. Bien qu'il y soit exposé partout où on le cultive, il est des sols et des climats où elles l'attaquent d'une manière tellement fâcheuse que sa durée est très-courte et sa culture suivie presque impossible; toutefois nous ne pensons pas que ce soit une raison pour y renoncer absolument : le pêcher se met si promptement à fruit, pousse si facilement de noyau, et son fruit, sans avoir besoin même d'être greffé, offre tant d'agréments, qu'alors même qu'on ne pourrait pas lui assurer une durée un peu longue on ne doit pas renoncer à sa culture. D'ailleurs, il n'est pas de propriétaire qui n'ait des natures de terrain différentes, et il en est toujours où le pêcher vient mieux ou moins mal que dans d'autres. Dans un jardin à la campagne, il ne nous réussit pas mal en plein vent dans la partie du nord, tandis que, dans celle du midi, il est plus sujet à la *gomme* au printemps, à la *cloque* pendant l'été et l'automne; atteint de ce double mal, il meurt promptement et fructifie peu pendant sa courte existence. Nous chercherons plus loin s'il n'y aurait pas quelques moyens de neutraliser ces effets, quand ils proviennent du sol.

# CHAPITRE II.

## Influence du sol et du climat sur les diverses espèces fruitières.

La plupart de nos arbres fruitiers viennent d'Asie et de climats plus chauds que le nôtre; le pêcher vient de Perse, l'abricotier d'Arménie, le cerisier de Cérasonte, le prunier de Syrie, la vigne et l'amandier des plateaux de l'Asie. La prévoyante nature a en général prémuni les diverses espèces fruitières contre les rigueurs du froid en raison du climat où elle les avait originairement placées. Le pommier et le poirier, indigènes des zones tempérées, où le froid est souvent très-vif, ont reçu pour leurs fleurs une enveloppe épaisse, qui les abrite plus ou moins des froids rigoureux de l'hiver; tous deux portent en général leurs productions fruitières sur des branches spéciales, dont les boutons à fruits ne s'ouvrent qu'après le premier développement des bourgeons à bois et des feuilles dont ils se chargent.

Le pommier, qui appartient plus spécialement au Nord, pousse tard ses feuilles, plus tard encore ses fleurs, et l'arbre est déjà couvert de son feuillage quand il se colore des nuances de ses fleurs.

Le poirier, originaire de climats plus tempérés, hasarde plus tôt ses fleurs et les ouvre alors que ses feuilles n'ont pas encore pris la couleur verte.

Il n'en est pas de même de l'abricotier, du pêcher, de l'amandier, du cerisier, du prunier; originaires de climats plus chauds, ils portent, les premiers surtout, leurs boutons à fleurs et à bois sur les mêmes branches; leurs fleurs sont à nu, à peine enveloppées de leur propre calice; elles s'ouvrent au premier souffle du printemps, à tous les hasards de nos gelées matinales; aussi leur récolte trompe-t-elle souvent nos espérances.

Toutefois, lorsque les végétaux devaient être d'une utilité plus grande, ils ont été, quoique d'origine méridionale, doués de moyens préservateurs qui permettent de les cultiver avec avantage sur des zones étendues. Ainsi la vigne, d'origine méridionale, à laquelle la suprême Intelligence avait destiné un rôle plus généralement utile qu'aux autres espèces fruitières de même origine qu'elle, porte bien comme elles ses boutons à bois et à fruits sur les mêmes branches ; mais ils sont recouverts de fourrures épaisses et formant plusieurs doubles, qui les défendent efficacement des froids ordinaires aux climats du Nord. Et puis, long-temps après que les arbres, en quelque sorte ses compa-triotes, y ont fleuri, souvent imprudemment, elle émet à peine ses faibles bourgeons, et sa floraison est retardée jus-qu'à l'époque où la température se rapproche de celle de son climat originaire. Aussi la vigne, presque cosmopolite, peut-elle se cultiver depuis le 15e jusqu'au 50e degré de latitude, sur près de moitié de la surface du globe. Il en serait de même du mûrier, aux produits duquel a été réservé un grand rôle dans l'industrie de nos sociétés civilisées; quoi-que d'origine méridionale, comme ce sont ses feuilles qui doivent fournir les moyens de produire la soie, il les pousse tard, plus tard même que la plupart de nos arbres indigènes, afin que son produit puisse offrir plus de chances de succès dans nos climats à printemps incertains.

La création est ainsi remplie de ces harmonies providen-tielles destinées à fournir aux besoins, à faciliter et à adou-cir l'existence de la race humaine, et, après elle, de toutes les espèces animales et végétales. Plaignons ceux qui se refusent à reconnaître la main bienfaisante à laquelle elles sont dues.

Toutefois les lois naturelles établies n'ont rien d'absolu ; ce n'est pas toujours la latitude qui détermine les degrés de froid ni les dommages qu'ils causent à la végétation. Il est des climats, sous le 50e degré, où l'hiver est doux, où la neige tient à peine, et où les plantes herbacées ne cessent pas de végéter; ainsi il est des parties de l'Ecosse où les bes-tiaux trouvent leur nourriture presque toute l'année dans les pâturages, pendant que certaines contrées de la France placées sous le 46e degré éprouvent quatre à cinq mois d'hiver durant lesquels les bestiaux doivent toujours vivre à l'étable. Ainsi encore Pékin, situé sous le 39e degré, éprouve pendant l'hiver des froids de — 30° centigrades, pendant que Paris, placé sous le 48e, en éprouve rarement qui dépassent — 15°; et cependant le mûrier à Pékin brave des froids de — 30°, tandis que, sous le climat de Paris et dans le nôtre, sous le 46e 1/2 degré, il est souvent atteint dans ses pousses estivales et quelquefois jusque dans sa tige. La cause doit en être attribuée à l'état où se trouve la séve de l'arbre au moment où le froid se fait sentir ; dans les climats où l'hiver, en quelque sorte tout d'une pièce, se prépare et s'annonce par degrés insensibles, sans pluies abondantes, la séve, qui en automne s'accumule dans l'arbre qui a cessé de pousser, devient graduellement, à mesure que la température s'abaisse, par une heureuse prévision de la nature, plus épaisse, plus visqueuse, et par là même à l'abri des attaques des plus grands froids ; mais lorsqu'il arrive, dans nos climats variables, que le froid se manifeste presque subitement, la séve plus abondante est encore aqueuse, et par suite se glace à une température relativement peu basse, brise ses canaux, désorganise le végétal et attaque surtout ses organes fruetifères.

Le mal est encore plus grand lorsqu'après les premiers froids surviennent un dégel et une température douce ; le vent chaud qui fait fondre la glace détermine une ascension abondante de séve dans le végétal ; cette séve, fournie par un sol saturé d'eau, est éminemment aqueuse ; elle délaie tous les fluides épaissis de l'arbre, et l'arbre est atteint par une température à laquelle, dans d'autres conditions, il serait à peine sensible. Ainsi donc ce n'est pas seulement la latitude qui décide de la convenance de la culture d'une espèce dans un pays, mais bien plus encore la régularité ou l'irrégularité de la température habituelle de son climat.

Dans une même contrée, la nature du sol a encore beaucoup d'influence sur les effets du froid ; les parties en terrain humide et peu perméable en souffrent beaucoup plus que celles dont le sous-sol est perméable, parce que, dans un sol humide, la séve étant plus aqueuse est plus facilement atteinte par la gelée. Bien plus encore : dans une même région, souvent à peu de distance, le froid peut prendre plus d'intensité suivant la nature du sol; nous avons vu dans notre pays, sous le 46° 1/2 degré de latitude, dans les derniers hivers rigoureux, sur le plateau argilo-siliceux humide et peu perméable de la plaine, le froid descendre à — 24° et 25° centigrades, et les cerisiers, les vignes, les noyers, les poiriers, geler jusque dans leurs racines, quand, sur les terrains calcaires et sur ceux en coteau du pied de la montagne, à peine à trois ou quatre kilomètres du plateau, le froid n'a pas dépassé — 15°, et la vigne n'a souffert ni dans ses bourgeons ni dans ses tiges.

Les gelées blanches surtout sont fréquentes sur le plateau ; presque tous les ans on les éprouve dans les mois les plus chauds de l'été ; les jeunes pousses du mélèze sont souvent atteintes plusieurs fois dans l'année, tandis que, dans son climat natal, sur ses montagnes, non loin des glaciers, à 2000 mètres au-dessus de la mer, sa végétation dans l'été n'éprouve aucune avarie. Mais ce qu'il y a de remarquable dans ces gelées blanches des sols humides, c'est que souvent elles ne s'élèvent pas à plus de 2 à 3 mètres au-dessus du sol ; et nous voyons quelquefois, sur les mélèzes comme sur les cerisiers, les noyers et tous les arbres, fruitiers ou autres, les jeunes bourgeons, les fleurs et les fruits du sommet n'éprouver aucun dommage, pendant que ceux qui se sont développés plus bas sont atteints.

Ainsi il est constant que le sol humide imperméable est exposé à ressentir des froids beaucoup plus intenses que ceux qui, sous la même latitude, laissent un libre écoulement aux eaux ; bien plus, les effets d'un même degré de froid y sont beaucoup plus funestes : aussi a-t-on été obligé d'y renoncer à la culture des vignes et des noyers, et les autres arbres fruitiers n'y réussissent-ils que médiocrement.

Il est encore à remarquer que les climats où les pluies d'automne sont abondantes, le bassin du Rhône, par exemple, et le versant de France qui regarde la Méditerranée, éprouvent des froids plus vifs, et de plus grands dommages des mêmes degrés d'abaissement de température, que les climats où les pluies arrivent pendant l'été et au printemps, le versant tourné vers l'Océan, soit l'ouest et le sud-ouest de la France. Un automne humide détermine, dans les premiers, pour l'hiver une plus grande intensité de froid, et la séve, en raison des pluies de la saison, s'accumule plus aqueuse dans les végétaux, s'y glace plus facilement que dans les climats où la pluie survient en été, et où elle se trouve plus condensée ; aussi voyons-nous sous la même latitude le climat de l'ouest et du sud-ouest beaucoup plus tempéré que celui du versant de la Méditerranée ; les *camellia*, les *magnolia*, à Angers et Nantes, sous le 47. 1/2 degré, et à Avranches, sous le 48. 3/4, passent l'hiver en pleine terre, tandis qu'on peut à peine les hasarder sur le versant de la Méditerranée, à Marseille et à Montpellier, sous le 43. 1/2 degré. De là résultent, pour toute la partie ouest et sud-ouest de la France, un climat plus égal, moins de variations subites de température, de gelées intempestives, et par conséquent une fructification plus régulière, plus assurée. On y remarque encore, en raison des pluies estivales, que les étés sont moins chauds, les sécheresses moins à craindre que dans le bassin du Rhône, où les pluies, rares en été, ne laissent que peu d'aliment aux fraîcheurs humides et aux rosées bienfaisantes.

Cette influence du climat produit des résultats auxquels on pourrait croire à peine ; chaque année des végétaux exotiques périssent, dans le nôtre, à 1 ou 2° au-dessous de 0°, tandis que, sous leur ciel natal, ils supportent — 8, 10, 12° ; leur tissu tout entier, feuilles, bois et racines, y acquiert,

par l'influence du climat et surtout de la chaleur et de la
sécheresse des étés, une densité, une puissance de résistance au froid qui modifie essentiellement leur nature.
Nous reviendrons plus tard sur ce sujet important.

## CHAPITRE III.

### Taille du pêcher en espalier.

Après ces développements essentiels sur la végétation
comparée des arbres à pepins et du pêcher, sur l'influence
du sol et du climat, sur les conditions propres à assurer la
prospérité des arbres et l'abondance de leurs produits, nous
nous occuperons d'abord d'analyser les procédés communs
aux différentes méthodes de taille du pêcher; nous compa-
rerons ensuite ces méthodes entre elles pour mettre nos
lecteurs à portée de faire un choix, et nous chercherons à
arriver à une méthode simple, d'une pratique facile et à la
portée de tous les praticiens intelligents.

### I. — *Procédés pratiques de la taille.*

1. Le cassement des brindilles et la torsion des bourgeons, qui aident à la fructification des fruits à pepins, doivent être, comme nous l'avons dit, proscrits de la direction
du pêcher, parce qu'ils provoquent la *gomme;* on ne peut
non plus lui appliquer la taille en couronne, parce que tous
ses yeux s'ouvrent et qu'il ne reste point de sous-yeux à
la base de ses bourgeons.

2. Le pincement et l'ébourgeonnement s'emploient sur
le pêcher avec avantage; ici comme sur les autres arbres,

le pincement arrête le développement des branches qu'on
veut conserver tout en les affaiblissant, et l'ébourgeonnement
supprime celles qui sont inutiles ; la première opération se
fait avant la seconde. Le pincement avait été proscrit par
Shabol, Butret et Le Berriays, comme pouvant donner lieu
à des flux de gomme ; mais nous pensons que c'est à tort, et
qu'il ne nuisait que parce qu'on le faisait trop tardivement
et sur des bourgeons déjà allongés. Lelieur et M. Dalbret
l'ont réhabilité. Le pincement des bourgeons qu'on veut
contenir doit être fait de bonne heure, alors qu'ils n'ont
encore que 0$^m$,02 à 0$^m$,03 de long, non compris la longueur
des feuilles ; par ce moyen on obvie à une dépense inutile
de séve, on la fait refluer plus tôt et plus efficacement vers
les bourgeons utiles et dans les parties de l'arbre auxquelles
on veut donner ou maintenir de la force ; on établit et on
conserve plus sûrement l'équilibre dans toutes ses parties.

3. L'ébourgeonnement doit aussi se faire de bonne
heure, alors que les bourgeons inutiles ont à peine 0$^m$,03
à 0$^m$,04 de longueur ; mais en supprimant le bourgeon on
laisse la feuille de sa base pour éviter la *gomme,* qui pourrait résulter d'une plaie faite sur le corps de l'arbre en séve ;
on le pratique plus tôt sur les arbres faibles, plus tard sur les
sujets vigoureux. Il consiste à réduire à un seul bourgeon
les pousses des yeux triples, et, suivant qu'on a besoin d'un
bourgeon fort ou faible, on réserve celui du milieu ou celui
qui se trouve le plus rapproché du mur ; on enlève ensuite
ceux qui se sont développés sur le devant ou le derrière
de la tige. Plus tard, lorsque les pousses de l'année se sont
allongées et que l'arbre a poussé des bourgeons anticipés, on
enlève encore tous ceux qui paraissent inutiles ; mais lorsque les retranchements à faire sont nombreux, il faut s'y
prendre à plusieurs fois : la suppression d'un trop grand
nombre de bourgeons arrêterait la séve et ferait ouvrir des
yeux qui n'étaient destinés à pousser qu'au printemps suivant.

Ainsi l'ébourgeonnement dure presque toute l'année ; mais, lorsque le temps manque, on peut le borner à deux saisons, le premier printemps et le moment du repos de la séve.

On ébourgeonne le dessus des branches plutôt que le dessous, afin d'affaiblir les bourgeons de dessus, toujours trop forts, et de renforcer ceux du bas, le plus souvent trop faibles.

4. La taille en vert est plus essentielle sur le pêcher que sur les arbres à pepins, parce qu'elle y assure l'opération importante du remplacement ; elle se fait en juillet. Elle consiste à rabattre les branches fruitières sur le premier fruit pourvu d'un bourgeon ou sur les bourgeons de remplacement lorsque les fruits ont manqué ; elle se pratique encore sur les branches à bois comme nous avons dit qu'elle s'opérait sur les arbres à pepins, c'est-à-dire qu'on rabat le membre sur un bourgeon plus fort lorsque celui destiné au prolongement est trop faible, ou sur un bourgeon plus faible lorsque ce dernier est trop vigoureux.

5. Le remplacement a pour but de faire naître des bourgeons fructifères au lieu et place de ceux qui ont porté du fruit l'année précédente ; pour cela on taille les branches à fruits à trois ou quatre yeux pourvus de fleurs, et dans la saison on pince et on ébourgeonne de manière à assurer un développement suffisant à un ou deux des bourgeons placés les plus près du membre.

Lorsque l'arbre a beaucoup de vigueur, on peut se ménager deux bourgeons de remplacement à chaque place de courson ; on allonge la taille de l'un des deux jusqu'à 0$^m$,15 ou 0$^m$,20, et on réduit celui de la base à deux ou trois yeux, pour obtenir en même temps qu'un ou deux fruits les branches de remplacement de l'année suivante.

Sur les branches vigoureuses on est souvent réduit à adopter comme branches fruitières des bourgeons anticipés ; mais comme leurs boutons à fleurs sont souvent éloignés du membre qui les porte, on allonge la taille de manière à avoir deux ou trois boutons à fleurs, et on ébourgeonne de bonne heure les pousses qui se montrent depuis le bas de la branche jusqu'aux fleurs, en ménageant toutefois, pour servir de branches de remplacement, les deux bourgeons qui se trouvent souvent à leur naissance. M. Jard, lors de la taille, les ébourgeonne à sec et épargne ainsi une dépense inutile de séve.

# CHAPITRE IV.

## Analyse et comparaison des diverses méthodes de taille du pêcher.

La plupart de ceux qui ont écrit sur la taille des arbres annoncent avoir obtenu un plein succès de leurs méthodes; cependant celles qu'ils indiquent diffèrent souvent sensiblement entre elles, ce qui prouve que, là comme ailleurs, il y a plusieurs moyens de bien faire.

Mais, au milieu de toutes ces méthodes avantageuses, quelle serait cependant la plus simple, la plus facile, celle dont l'exécution demanderait aux praticiens le moins de soins, de temps et de savoir ? La solution de cette question aurait une grande importance en horticulture.

L'une des grandes difficultés de la conduite des espaliers consiste à maintenir l'équilibre entre les membres horizontaux, placés à la partie inférieure de la branche-mère, et les membres verticaux, placés au-dessus; il faut, pour arriver à ce but, surtout dans les pêchers, y apporter une attention de tous les jours; un mois suffit souvent pour voir naître et se développer des bourgeons verticaux qui, sous le nom de gourmands, attirent à eux la séve et s'emparent de toute la vigueur de l'arbre.

Lorsqu'au lieu de deux branches-mères principales, dont sortent les bras horizontaux et verticaux, l'espalier se compose de membres diversement inclinés, partant en quelque sorte du pied de l'arbre, la question est plus complexe, et il faut encore une plus grande somme d'intelligence pour le bien conduire, parce qu'alors la vigueur des membres se modifie suivant leur position et qu'il faut appliquer à chacun d'eux un mode de direction différent. Ceci est surtout sensible dans le pêcher, qui a plus que beaucoup d'autres arbres une grande tension à s'emporter et à faire prendre à ses pousses la direction verticale.

La difficulté de maintenir, sur les deux branches-mères, l'équilibre entre les branches verticales et les branches horizontales, se retrouve sur chacun des membres horizontaux considéré isolément; il y a lutte entre les bourgeons verticaux placés à leur surface supérieure et ceux qui se trouvent au-dessous dans une direction diamétralement opposée; ceux du dessus tendent sans cesse à affamer ceux du dessous, auxquels on ne conserve que difficilement une vigueur suffisante : il en résulte souvent des vides qui, outre l'inconvénient de déplaire à l'œil, ont encore celui de diminuer le nombre des fruits.

## I. — *Méthode de Montreuil.*

La plus grande partie des auteurs, d'accord en cela avec la méthode de Montreuil, admettent comme point de départ deux branches-mères, dont toutes les autres ne sont que des dérivations; cependant Lelieur donne comme modèle, sous le nom de taille à la Dumoutier, une disposition en éventail dont les branches partent en quelque sorte d'un centre commun.

Parmi ceux qui font partir leurs membres de la branche-mère, MM. Le Berriays, Lepère, Dalbret et Du Breuil commencent par établir dans leurs espaliers les membres horizontaux, et réduisent les branches verticales, pour pouvoir plus aisément les maîtriser, à n'être, dans les premières années, que des branches à fruits. Plus tard, lorsque les membres horizontaux ont acquis une vigueur suffisante, ils laissent se développer successivement, d'année en année, sur la branche-mère, pour former leurs membres verticaux, des bourgeons de remplacement, qu'ils ont soin de surveiller avec assiduité pour les empêcher de s'emporter. M. Jard, cependant, les supprime tous pendant les trois ou quatre premières années, et, comme nous le verrons, il les greffe successivement sur la branche-mère; d'autres, Butret, Shabol, Thouïn et Lelieur, établissent alternativement les branches horizontales et les membres verticaux. Ils commencent, la première année, par former deux bras horizontaux; la seconde, ils élèvent deux bras verticaux, et ainsi de suite. Nous préférerions la première méthode, parce qu'elle offre un moyen plus facile de maîtriser la végétation des arbres; on peut la regarder comme une innovation à l'ancienne taille de Montreuil, qui serait due, comme nous le verrons plus tard, à Le Berriays.

## II. — *Modifications introduites par M. Du Breuil.*

M. Du Breuil, en développant la méthode de taille à la Montreuil, propose plusieurs moyens pour maintenir l'équilibre dans les arbres. D'abord, pour conserver de la force aux sous-membres horizontaux, il laisse plus longs les inférieurs, en sorte que leur pousse terminale, qui n'est point palissée, se développant sans être dominée par celle des sous-membres supérieurs, qui au contraire sont soumis au palissage, y entretient naturellement plus de vigueur.

D'autre part, pour empêcher que les membres verticaux placés sur la branche-mère ne s'emportent, il les fait naître au-dessous du point d'insertion des sous-mères horizontales correspondantes, et, au lieu de les maintenir dans le sens vertical, il les incline en les dirigeant vers le centre de l'arbre et les palisse dans une direction perpendiculaire à celle de la branche-mère.

Ces moyens lui ont réussi, et ils sont tous en usage au jardin botanique de Rouen.

### III. — *Méthode de Le Berriays.*

L'auteur du *Nouveau La Quintinie*, Le Berriays, qui a passé sa vie dans l'étude et la pratique des différentes parties de l'horticulture, et qui a fourni à Duhamel la majeure partie des descriptions de son grand ouvrage sur les diverses variétés de fruits, a publié sous le voile de l'anonyme, avec le titre que nous venons d'indiquer, un excellent ouvrage, dont il a donné plus tard un abrégé sous le nom de *Petit La Quintinie*; il y développe, entre autres sujets, les principes de la taille des arbres d'une manière très-remarquable; il propose un moyen propre à assurer aux bras horizontaux des espaliers de la force et de la durée. Ce moyen est resté longtemps négligé; cependant un habile arboriculteur, Lelieur, dans sa *Pomone française*, l'a tiré de l'oubli et conseille, comme nous le verrons plus tard, son emploi pour les doubles palmettes.

Dès l'année de la plantation, Le Berriays choisit de chaque côté de son arbre les bourgeons les plus vigoureux et favorise leur développement pendant le cours de la saison, tout en leur donnant la direction de branche-mère. A la taille, il les attache solidement au mur, à 0$^m$,40 ou 0$^m$,50 au-dessus du sol; à cette hauteur, il les incline pour en faire ses deux premiers bras horizontaux. Comme il se trouve toujours à chaque courbure un bon œil ou un bourgeon anticipé bien placé, il les destine à prolonger la branche-mère et à devenir même plus tard ses deux seconds membres horizontaux; pour cela il dirige pendant la saison leurs pousses comme branches-mères. A la deuxième taille, il fait la même opération que l'année précédente, c'est-à-dire qu'il attache solidement au mur sa nouvelle branche de prolongement, à une distance verticale de 0m,60 de la première branche horizontale. A ce point il la courbe pour en faire son deuxième membre horizontal. Il ménage à la courbure l'œil ou le bourgeon anticipé qui s'y trouve pour en former le prolongement de sa branche-mère, qui lui fournit, l'année suivante, son troisième membre horizontal. Il continue ainsi successivement d'élever ses membres horizontaux, qui ont profité pendant une année pour leur accroissement de toute la vigueur de l'arbre, et qui ont acquis par là de larges canaux séveux et un développement qui leur assure de la durée. Quant aux pousses qui se montrent sur les parties des bourgeons qui forment sa branche-mère pendant qu'il établit ses bras horizontaux, il les réduit, au moyen du pincement et de l'ébourgeonnement, à n'être que des branches à fruits, et ne leur laisse prendre quelque développement que quand il a formé ses bras horizontaux.

Par ce procédé, chaque bras a profité pendant un an de sa position de branche-mère, et il conserve dans sa nouvelle situation horizontale une partie des avantages dont il a joui comme branche prépondérante.

En outre, en courbant le membre à la hauteur où on veut avoir son premier bras horizontal, au lieu de le couper pour faire naître ce bras d'un œil ménagé à son extrémité et croître pendant le cours de la saison, on gagne du temps et on profite de la pousse toute faite qui est retranchée dans les autres méthodes. Le Berriays applique ce procédé aux espaliers de toutes les espèces d'arbres fruitiers, soit à pepins, soit à noyaux.

Lors de la taille de la première année, la pousse de l'année de la plantation étant rarement vigoureuse, il est à propos de ne donner aux bourgeons dont on veut faire ses

4

premiers membres horizontaux qu'une faible inclinaison, et de ne les amener irrévocablement à la position horizontale qu'à la deuxième ou troisième taille.

Par la méhode Le Berriays on profite de toute la vigueur de l'arbre ; on n'a à opérer que peu de retranchements pour refouler la séve et la faire marcher contre sa direction naturelle : l'arbre doit donc prendre, dans le même espace de temps, un plus grand développement que par les autres systèmes, et surtout la vigueur de ses bras horizontaux doit être plus assurée ; ce dernier point est d'autant plus important que, dans la plupart des espaliers, l'espace occupé par les membres horizontaux est plus considérable que celui que remplissent les bras verticaux, placés cependant plus favorablement.

## IV.—*Simplification de la taille par la palmette simple.*

Il existe une méthode à l'aide de laquelle on peut faire disparaître la grande et double difficulté que présente la taille à la Montreuil, c'est-à-dire la lutte entre les membres placés au-dessus et au-dessous de la branche-mère, entre les membres verticaux et horizontaux, et celle même qui se manifeste entre les bourgeons fruitiers du dessus et ceux du dessous des membres.

La première et la plus grande de ces difficultés disparaît par la taille en palmette ; dans cette méthode, il n'y a point de membres diversement inclinés, ni de membres verticaux qui attirent la séve au détriment des membres horizontaux : tout se réduit à une même forme, l'horizontalité. On a fait dans le temps à cette taille le reproche d'épuiser les arbres ; mais, dans la taille ordinaire, les sous-membres qui partent des branches obliques sont horizontaux, et cependant l'arqre ne s'épuise pas. Dans la taille en palmette, au contraire, les membres horizontaux partent de la tige verticale, position plus favorable et moins épuisante, et ces membres profitent de toute la vigueur que la taille à la Montreuil dépense en pure perte pour alimenter ses bras verticaux, qu'elle doit ensuite réprimer par des pincements et des ébourgeonnements répétés. De plus, ici, point d'idée complexe : les membres sont tous semblablement placés ; enfin les gourmands sont rares et faciles à maîtriser.

Cette méthode doit donc être d'une pratique plus facile, plus simple, que celle usitée à Montreuil, et par conséquent plus à la portée des praticiens. Elle est d'ailleurs dès long-temps connue et appliquée en France ; on la retrouve dans un écrit du curé d'Hénouville, de 1684 ; M. Dupetit-Thouars la pratiquait en 1800, dans un jardin public, à Paris, rue du Roule ; mais elle ne s'est vulgarisée chez nous que depuis la traduction de l'ouvrage de William Forsith, qui l'avait déjà popularisée en Angleterre.

Arrivons à la pratique de cette méthode. Elle consiste à obtenir chaque année deux bras horizontaux et le prolongement vertical de la tige. On taille cette tige sur trois yeux voisins, dont les deux inférieurs, opposés, placés sur les côtés à peu près à la même hauteur, fournissent les deux bras ; le supérieur, placé sur le devant, sert au prolongement de la tige. On favorise, en leur laissant prendre une direction à peu près verticale, les trois bourgeons que fournissent ces trois yeux ; on pince les autres pour en faire des branches fruitières. Au mois de juillet on palisse les deux bras, en les rapprochant de la position horizontale ; on laisse libres leurs extrémités, qui, en reprenant la direction verticale, entretiennent la vigueur du bras entier, que pourrait affaiblir l'inclinaison à laquelle on l'a soumis.

L'année suivante, on taille la tige verticale à 0m,60 ou à peu près du point où l'on a courbé les branches ; à cette hauteur on choisit trois yeux placés comme précédemment, pour former un nouvel étage de branches horizontales, et on continue de la même manière d'année en année. Lorsqu'on est arrivé à 0$^m$,40 du chaperon du mur, la tige verticale, dont on favorise la bifurcation, fournit un dernier étage de bras horizontaux.

Il y a un moyen simple de maintenir ou de rétablir au besoin l'équilibre entre les membres d'un même côté ; il suffit de laisser libre, en d'autres termes de ne point palisser, pendant une partie de la saison, la pousse terminale des membres faibles ; on affaiblit, au contraire, un membre trop fort en palissant immédiatement sa pousse terminale. La pousse restée libre se développe avec une vigueur qui profite à tout le membre auquel elle appartient, tandis que celle qui est soumise au palissage végète plus faiblement, ainsi que le membre lui-même.

### V. — *Modifications à la taille en palmette.*

Mais il reste encore à vaincre, dans cette taille en palmette, l'antagonisme qui règne entre les bourgeons supérieurs et inférieurs des bras horizontaux ; pour l'éviter, nous proposerions de supprimer tout à fait les bourgeons inférieurs ; l'arbre n'aurait plus alors que des bourgeons tous placés dans une position semblable : bourgeons verticaux sur branche horizontale ; ces bourgeons auraient plus de vigueur en raison de la suppression des bourgeons inférieurs ; mais comme ils auraient à occuper seuls entre deux membres tout l'espace qu'ils auraient eu à partager avec les bourgeons inférieurs du membre supérieur, d'après la méthode ordinaire, il serait alors à propos de diminuer cet espace et de le réduire, de 0$^m$,60, à 0$^m$,40 ou 0$^m$,45.

Cette suppression des bourgeons inférieurs nous paraît devoir simplifier notablement les difficultés de la taille ; mais, dans ce nouveau système, les bourgeons issus des membres supérieurs ayant encore naturellement plus de

vigueur que ceux qui se développent sur les membres inférieurs, on pourra compenser cette différence en demandant
plus de fruits, en inclinant et en pinçant plus tôt et plus
sévèrement les bourgeons des membres supérieurs, plus
tard et moins rigoureusement ceux des membres inférieurs.

D'ailleurs la production des fruits peut être au moins
aussi considérable; au lieu de réduire les coursons à un
seul bourgeon de remplacement, on en laisse deux; on
taille le plus bas en branches-crochets à deux ou trois yeux
pour remplacement, et on taille long, pour porter du fruit,
le bourgeon supérieur. Ces doubles bourgeons remplissent
très-bien l'espace entre les bras; et comme chaque membre
n'a plus de bourgeons inférieurs à nourrir, il n'est point
surchargé, quoiqu'on en exige une plus grande abondance
de produits.

Il ne faudrait pas repousser cette méthode sous prétexte
qu'elle est nouvelle; Dupetit-Thouars l'appliquait à ses palmettes dans le jardin qu'il cultivait rue du Roule; M. Du
Breuil la pratique sous le nom de taille en cordon, et sa
réussite nous semble d'accord avec tout ce qu'on sait sur la
végétation des arbres conduits en espaliers. D'ailleurs le
coup d'œil n'y perdrait rien; l'uniformité de vigueur, au
contraire, offrirait un meilleur aspect que celui que présentent ordinairement des bourgeons supérieurs et inférieurs
d'une force sensiblement différente, et on n'aurait plus à
craindre le désagréable effet des vides qu'ils laissent trop
souvent. On évite encore ainsi la difficulté de placer sans
confusion, dans un espace même assez restreint, les bourgeons supérieurs et vigoureux du membre inférieur et les
bourgeons faibles du dessous du membre supérieur, sans
cesse exposés à être recouverts et dominés par les précédents. Enfin la qualité des fruits semble même devoir y
gagner, car ils reçoivent plus d'air, de soleil, et ils sont

4.

mieux nourris par de vigoureux bourgeons supérieurs que
par de faibles bourgeons inférieurs.

## VI. — *Palmette double de Fanon.*

On a proposé de faire à la taille en palmette une modification à laquelle on attribue de notables avantages.
M. Fanon, dans un écrit publié en 1807, a proposé de
remplacer la tige unique verticale des palmettes, seul point
de départ des bras horizontaux dans la palmette simple,
par deux tiges verticales parallèles, distantes entre elles
de 0m,30, dont chacune serait appelée à fournir les bras
horizontaux qui, dans le système précédent, auraient dû
garnir son côté. Cette méthode a été pratiquée avec succès,
et nous avons vu en 1828, à Paris, rue Blanche, dans le jardin Boursault, dont la destruction doit laisser de vifs regrets aux amateurs de bons fruits, de très-beaux espaliers
élevés dans ce système par l'habile jardinier David. Depuis
lors, M. de Puyvallée a publié sur cette méthode et son emploi un bon écrit, et Lelieur la recommande comme préférable à la taille en palmette sur une seule tige ; il croit plus
facile de maintenir l'équilibre entre les bras correspondants
produits par deux tiges différentes qu'entre ceux qui partent
d'une seule tige, et dont l'un s'emporte quelquefois aux dépens de l'autre ; mais ces auteurs ne sont pas d'accord sur
les procédés à suivre. M. Fanon tire chaque année un bras
horizontal de chacune de ses deux tiges verticales ; et ce
qui distingue plus spécialement encore sa méthode, c'est
qu'à la taille il laisse à ses bras toute leur longueur, sans
leur rien retrancher ; puis il réduit à l'état de coursons les
branches du dessus et du dessous de ses bras, en prenant
les soins convenables pour préparer le remplacement de ses
branches fruitières. Par ce moyen, en quatre ou cinq ans

chaque espalier couvre un mur de trois mètres de hauteur sur cinq à six de largeur.

M. de Puyvallée, au contraire, dans le but d'assurer à ses bras horizontaux de la force et de la durée, consacre deux années à l'établissement de chaque paire de bras, mais par là il retarde beaucoup sa jouissance.

Nous serions d'avis, avec Lelieur, d'appliquer à la formation des espaliers dirigés d'après ce système le procédé Le Berriays, que nous avons précédemment décrit, et qui consiste à former successivement les bras avec des bourgeons conduits pendant le cours de l'année comme branches-mères.

Lelieur cependant modifie encore ce procédé ; d'une part, suivant la méthode ordinaire, il ne forme ses deux premiers bras qu'avec les yeux que lui donnent les pousses de la première année ; Le Berriays les établit avec ces pousses elles-mêmes. Lelieur commence à courber sa branche-mère lorsque la pousse a atteint à peu près 1 mètre de longueur et que le bois a acquis assez de consistance pour pouvoir plier sans rompre ; Le Berriays ne la plie qu'au printemps suivant.

Le Berriays gagne une année pour la formation de ses deux premiers bras ; mais Lelieur leur assure, à ce qu'il semble, plus de vigueur. Le Berriays, en ne courbant ses membres qu'au moment de la taille, donne plus de développement à ses bras ; Lelieur, en les courbant au moment de la forte pousse, diminue, il est vrai, leur vigueur, mais il fait souvent naître dans la saison, au point où s'opère la courbure, un bourgeon qui prolonge la branche-mère et avance le travail de l'année suivante.

Nous préférerions, pour la première année, le procédé Lelieur, qui doit donner plus de vigueur aux deux premiers bras ; puis, les années suivantes, dans les sujets faibles, nous n'aurions recours à la courbure qu'au printemps, tandis que nous courberions dans la saison les bourgeons des sujets vigoureux. Nous remarquerons que, dans les deux cas, en courbant un bras trop vigoureux et en laissant pousser verticalement celui qui le serait moins, on a un sûr moyen de rétablir l'équilibre.

Ainsi donc, pour élever un arbre sous cette forme, on réserve la première année deux bourgeons auxquels on laisse prendre la position la plus favorable à leur développement; au printemps, on taille chacun d'eux, à une distance de 0ᵐ,40 ou 0ᵐ,50 de terre, sur deux yeux latéraux placés à la même hauteur, ceux du dehors et les plus élevés pour former les premiers bras horizontaux, ceux du dedans et placés plus bas pour former la suite des branches-mères; on incline ensuite ces deux bourgeons taillés, et on les fixe de manière à ce que les yeux intérieurs, et par conséquent les branches-mères qu'ils doivent fournir, soient entre eux à une distance de 0ᵐ,30 à 0ᵐ,40.

Dans le cours de la saison, on ralentit par le pincement sur chaque branche le développement de tous les bourgeons autres que ceux produits par les deux yeux terminaux, et on conduit ces derniers de manière à favoriser leur développement. Après la grande pousse, on abaisse ceux qui doivent donner les deux premiers bras horizontaux; si le sujet est vigoureux, on courbe à 0ᵐ,50 ou 0ᵐ,60 des deux premiers bras les bourgeons qui doivent continuer les branches-mères, pour en faire le second étage de membres horizontaux.

L'année suivante, à l'aide de deux yeux bien placés que fait souvent ouvrir en bourgeons anticipés la courbure à laquelle on a soumis les tiges verticales, on obtient la continuation de ces tiges, et on la courbe, à la même époque que l'année précédente, pour en faire sa troisième paire de bras horizontaux. Ainsi chacun d'eux aura joué pendant une saison le rôle de branche-mère, et se trouvera formé d'une portion de la tige principale qu'on eût retranchée tout entière dans le système ordinaire.

La préférence que nous voudrions voir donner à la taille en palmette double nous semble justifiée par de nombreuses observations. D'abord, avec elle, on voit à peu près disparaître l'une des plus grandes difficultés de la taille du pêcher, celle qui demande, pour être surmontée, le plus de soins et d'assiduité, nous voulons dire l'antagonisme entre les membres horizontaux et les membres verticaux; on n'a presque plus à se défendre des gourmands, qui, dans le système ordinaire, pullulent sur les branches-mères, et qui, dans l'espace d'un mois, pour peu qu'on oublie de les réprimer, déforment un espalier et tendent sans cesse à changer la nature que doivent conserver les bras verticaux. De plus, nous avons vu cette méthode réussir en général partout où on l'a essayée dans des conditions favorables de sol et de climat; et, à bien dire, les systèmes de taille les plus en crédit s'en rapprochent beaucoup, à ce qu'il nous semble. Dans la plupart d'entre eux, en effet, on ne songe à produire les bras verticaux que lorsque, pendant plusieurs années, on a travaillé au développement des membres horizontaux; ensuite, comme nous l'avons dit précédemment, ces membres ont en général plus de développement que les bras verticaux. Ainsi, dans un espalier comme ceux que dirige M. Lepère, où le chaperon est à 2$^m$,50 au-dessus de la naissance des branches et où les arbres sont placés à une distance de 8 mètres, les membres horizontaux occupent une fois au moins plus d'espace que les bras verticaux; on a donc, dans les systèmes ordinaires, à vaincre toute la difficulté de taille que peuvent offrir les bras horizontaux de la conduite en palmette, augmentée de celle qu'on rencontre dans la tendance des bras verticaux à s'emparer de la séve : on est donc loin de la simplicité de la taille en palmette.

## VII. — *Procédé de Gaudry.*

Gaudry s'est encore plus rapproché que ses devanciers
de cette taille en réduisant de 90° à 45° l'angle de ses
mères-branches ; il en résulte que ses membres inférieurs
ne sont presque que des branches à fruits bifurquées ; aussi
est-il naturellement conduit, après les développements qu'il
donne sur la taille en **V**, à accorder la préférence à la taille
en palmette. Son opinion doit avoir beaucoup de poids, car
il s'est voué avec passion à la culture des arbres fruitiers,
et sa méthode se fonde sur les succès nombreux qu'il a
obtenus à Presle et ailleurs, et qui ont été confirmés par
ceux auxquels il est parvenu dans son jardin de Paris.

Au moyen de l'angle resserré formé par ses deux branches-mères, il a amoindri la difficulté considérable qu'on
éprouve à empêcher la séve de se porter trop abondamment
dans les bras verticaux ; il nous semble faire encore plus
d'usage du pincement que ses devanciers, et, par conséquent,
dans sa méthode plus que dans celles qui l'ont précédée,
on ne doit pas perdre ses arbres de vue. Lorsqu'il pince l'extrémité des branches qui forment la charpente de l'arbre ou
des autres pour amortir leur vigueur, il a soin de le faire à
quatre ou cinq yeux au-dessus de ceux qui doivent servir
à asseoir la taille, parce que le pincement fait d'ordinaire
ouvrir les quatre ou cinq yeux les plus voisins du point où
on l'opère ; par ce moyen il arrête l'élan de la branche,
amortit sa vigueur, et il y trouve en outre l'avantage de
faire gonfler les yeux qui doivent pousser au printemps
suivant et de leur préparer par là une expansion vigoureuse.
Lorsqu'il arrive au chaperon du mur, il complète la forme
carrée de son espalier en faisant de ses branches-mères deux
bras horizontaux. Pour ménager la vigueur et assurer le
remplacement des productions fruitières placées au-dessous

de ses membres, il les conserve simples en les taillant court, tandis qu'il laisse volontiers bifurquer celles du dessus. Enfin, par des soins bien entendus, il est parvenu à élever en gobelet et en plein vent des pêchers qu'il a empêché de se dégarnir dans le bas ; il faut, à ce qu'il nous semble, pour réussir, qu'il se soit trouvé bien favorisé par le sol et le climat.

Nous apprenons avec regret que Gaudry vient d'être enlevé à cette partie de l'horticulture qu'il cultivait avec tant de goût et de succès ; la perte est grande : des hommes de talent et de dévouement comme lui sont rares. Il avait consacré sa vie et sa fortune à la pratique et à l'enseignement de la conduite et de la taille des arbres ; il était dans la bonne voie, mais il a été frappé dans le moment où il pouvait être le plus utile.

## VIII. — *Taille carrée de M. Lepère.*

M. Lepère, habile jardinier à Montreuil, a résumé avec beaucoup de méthode et de clarté tout ce qui a rapport à la taille en usage dans cette commune et dans les localités environnantes ; il en donne même des leçons au pied des pêchers qu'il a formés comme exemple ; il la nomme *taille carrée*. Cette forme a sans doute l'avantage de ne laisser aucune place vide et de couvrir un mur d'un tapis de branches et de fruits ; mais toutes les méthodes peuvent arriver à ce but, et peut-être est-il plus difficile de conserver ainsi son arbre en bon état qu'avec une forme moins correcte, dans laquelle on laisserait les branches du bas dépasser toujours un peu les branches supérieures. Ces dernières privent en partie les branches inférieures des influences de l'air, de la rosée, du soleil ; en laissant les extrémités des membres inférieurs échapper à cette espèce de dépendance, et en les palissant tardivement, on y entre-

tient une vigueur qui se fait un peu sentir sur la branche
entière.

On reconnaît dans l'ouvrage de M. Lepère un praticien
exercé et exprimant très-clairement ce qu'il pratique ; mais
peut-être laisse-t-il voir un peu trop le professeur dans les
principes absolus qu'il énonce et dans les critiques qu'il
fait des écrivains qui l'ont devancé. Du reste, depuis La
Quintinie, tous ceux qui ont écrit sur la taille annoncent,
les uns et les autres, avoir réussi à élever des pêchers
féconds, réguliers et de longue durée, bien que leurs méthodes aient été différentes. On doit donc en conclure, en
général, que, quand le sol et le climat s'y prêtent, il est
plus d'un moyen d'obtenir du pêcher des résultats avanta-
geux et durables.


### IX. — *De la taille qui laisse entière la pousse terminale.*


Fanon, comme ceux qui ont suivi sa méthode, établit ses
arbres sans faire aucun retranchement à la pousse terminale.
Le pêcher, nous l'avons dit, développe tous les yeux de ses
bourgeons, et se garnit de branches sur toute la longueur
de sa pousse terminale. En retranchant sur cette pousse les
bourgeons qui naissent devant et derrière, ceux qui sont su-
perflus, en taillant court ceux qu'on conserve et en soignant
leur remplacement, la végétation peut s'y maintenir facilement sur tout son développement.

Sans doute, il faut bien, pour former son arbre, établir sa
charpente au moyen de quelques suppressions et de retranchements ; autrement l'arbre se trouverait réduit à deux
branches au plus et à leurs bifurcations. Ainsi M. Sicule,
jardinier à Vaux-Praslin, a réussi à élever des pêchers sans
rien retrancher à leurs pousses terminales ; il les a établis sur
deux branches inclinées seulement, dont il a laissé chaque
année le bourgeon terminal intact ; il a fait ainsi couvrir à

un seul pêcher jusqu'à 26 mètres de développement de mur ; ses deux bras sont garnis de ramifications qui portent des branches fruitières. M. Dalbret compare la forme de ces arbres à deux arêtes de poisson ; mais cette forme est loin de garnir toute la surface du mur, et nous pensons qu'il n'y a aucun avantage à rechercher cette grande dimension, car le moindre accident laisse sur le mur un vide difficile à remplir.

Les pêchers à double palmette dont on laisse entière, suivant la méthode Fanon, toute la pousse terminale, restent généralement sains et vigoureux ; dans les premières années, leurs bras, il est vrai (et nous avons eu nous-même occasion de le remarquer), sont minces et grêles, mais avec le temps ils prennent de la force.

Lelieur fait remarquer qu'au bout de quelques années la séve, dans ces pêchers, cesse de se porter aussi vivement aux extrémités et se concentre dans le milieu de l'arbre ; ce serait là, à ce qu'il nous semble, un grand avantage, qui leur assurerait de la durée.

Cette méthode ne peut s'appliquer qu'au pêcher, dont tous les yeux s'ouvrent naturellement. Dans le pommier et le poirier, les yeux de la moitié inférieure des bourgeons ne s'ouvriraient pas, si on ne les raccourcissait, et laisseraient sur chacun d'eux un vide tout à fait désagréable ; sur les pêchers, au contraire, tous les yeux s'ouvrent au printemps, souvent en bourgeons triples, et la végétation s'y conserve par le procédé du remplacement. Cette méthode serait donc pour ces arbres un moyen de hâter leur mise à fruit et de concentrer leur végétation, qui, avec les méthodes ordinaires, tend à s'écarter de son point de départ. Son succès serait, nous le pensons, plus assuré avec la taille en palmette qu'avec les autres systèmes, avec lesquels, sans retranchements, l'équilibre entre les branches horizontales et verticales serait presque impossible à maintenir.

5

Nous ferons remarquer que la concentration de la végétation dans le milieu du pêcher conduit suivant cette méthode, semblerait prouver que la tendance de la séve à se
porter vers les extrémités des branches, tendance qui met
obstacle à sa facile direction et à sa durée, serait cependant
assez limitée ; elle serait due surtout à ce que, les parties
inférieures de l'arbre se dégarnissant successivement par
suite de l'ouverture de tous les yeux des bourgeons, la séve
manque de canaux suffisamment larges dans les branches
des années précédentes et se trouve forcée de se diriger
vers les yeux des extrémités ; mais lorsqu'on se ménage,
le long de ces branches, des bourgeons de remplacement,
ces bourgeons, pourvus d'yeux nouveaux, disposés à s'ouvrir, y provoquent et y entretiennent l'afflux de la séve ; la
végétation et la fructification s'y conservent ; l'arbre cesse
de s'emporter par ses branches terminales, et même, lorsqu'on laisse entières leurs pousses, elle finit par s'arrêter en
plus grande abondance dans les parties centrales.

On peut, jusqu'à un certain point, se rendre raison de
cette anomalie apparente ; il est de fait que le retranchement à la taille d'une partie d'un bourgeon le fait repousser
plus vivement que si on le laissait entier, et que le bourgeon
qui pousse à son extrémité, devenu bourgeon terminal, et qui
a profité de la plus grande partie de la séve destinée aux
yeux retranchés, est sensiblement plus gros et plus long
qu'il ne l'eût été si on eût laissé la branche entière. Le retranchement d'une partie de branche produit donc dans les
yeux restants une surexcitation par suite de laquelle ils
poussent, en moindre nombre, des bourgeons plus vigoureux. Dans la taille ordinaire, par les retranchements successifs qu'on opère chaque année sur le bourgeon terminal, on provoque dans la végétation une nouvelle activité
qui y appelle un plus grand afflux de séve, aux dépens des
parties inférieures de l'arbre ; lorsqu'au contraire on laisse

au bourgeon terminal toute sa longueur, la séve y arrive
sans surexcitation ; au bout de quelque temps, quand son
développement a atteint une certaine étendue, elle s'arrête naturellement et en plus grande abondance plus près
de son point de départ ; elle se porte vers les bourgeons
fructifères dont la végétation est chaque année surexcitée
par la taille. S'il arrive que la vigueur se concentre trop
vers le milieu, il devient facile de la rappeler aux extrémités en les taillant à leur tour.

Nous pourrions, à l'appui de ce que nous venons de dire,
rappeler que les retranchements de branches faits à un
arbre raniment souvent sa vigueur qui semble éteinte ou
du moins de beaucoup ralentie ; on voit se produire de nouvelles branches qui atteignent bientôt à un volume comparable à celui des branches retranchées. Enfin, pour nous
rapprocher encore plus de la question, nous dirons que nous
avons vu, à diverses reprises, des pincements un peu tardifs,
faits sur les parties centrales d'arbres à pepins vigoureux, y
appeler la vigueur et affamer les bourgeons des extrémités
laissés entiers.

La surexcitation produite par le retranchement ou la
taille nous semble donc un fait constaté, dont nous pouvons
et devons profiter, et la méthode Fanon, qui a déjà réussi
à quelques imitateurs, doit être d'autant moins négligée
qu'elle semblerait devoir faire disparaître les plus graves
inconvénients de la culture du pêcher, tels que ceux de se
dégarnir dans son centre et d'avoir par suite peu de durée.
Nous engageons donc les arboriculteurs à s'assurer par de
nouveaux essais si les espérances qu'elle donne sont fondées.

Les réflexions que nous venons de faire sur la méthode
Fanon nous conduisent à remarquer que, dans le pêcher
comme dans les autres arbres, la séve répugne à faire un
trop long chemin ; dans les pêchers en plein vent, en même
temps que les branches du bas se dégarnissent, les bourgeons

du haut diminuent annuellement de longueur et de force, à
mesure qu'ils se succèdent, et au bout de douze à quinze ans
la hauteur de l'arbre atteint au plus 3 ou 4 mètres. La végétation n'a plus lieu qu'à cette hauteur ; les bourgeons, à
mesure qu'ils s'éloignent de la tige, deviennent de plus en
plus minces et plus courts ; la vigueur de l'arbre s'affaiblit
graduellement et finit par s'éteindre, soit par un défaut
de force, soit par suite du plus léger contre-temps atmosphérique.

Cette végétation du pêcher en plein vent, dont nous voyons
la vigueur diminuer d'année en année, à mesure qu'elle
s'éloigne de son point de départ, semblerait prouver que la
végétation des extrémités a besoin pour se soutenir de
s'appuyer sur celle du centre de l'arbre. Ce n'est pas seulement la distance à laquelle elle doit avoir lieu qui le fait périr,
puisque nous voyons, sur les branches horizontales de pêchers en espalier qui s'étendent à 4, 5 et 6 mètres, la vigueur des bourgeons terminaux entretenue par la taille
annuelle, malgré la direction horizontale, et par suite défa-
vorable, des branches, pendant que nous la voyons s'affaiblir
et s'éteindre, dans la direction verticale, sur les bourgeons
non taillés de pêchers en plein vent dont la hauteur atteint
à peine 3 ou 4 mètres.

Ainsi les pêchers en plein vent ne meurent pas de vieillesse ; ces mêmes arbres retrouvent souvent une nouvelle
existence lorsqu'on les rabat jusqu'à la naissance de leurs
branches, et nous savons que le pêcher bien conduit en
espalier, en position favorable, vit bien au delà de trente
ans ; nous avons nous-même des pêchers en plein vent qui
ont au moins cet âge, et qui se sont renouvelés plusieurs fois
par leurs racines. M. Dalbret cite, dans les environs de Paris,
une localité où les pêchers sont cultivés en plein vent, et
où les derniers hivers rigoureux en ont fait périr qui étaient
âgés de plus de soixante ans ; leur mort au bout de douze à

quinze ans serait donc due surtout au défaut de végétation des branches centrales, et à l'impuissance où se trouve la séve de se porter à une grande distance, à travers de longues branches dépourvues de végétation, et le long desquelles aucun appareil foliacé n'appelle l'afflux de cette même séve.

Il résulterait de là que, dans un climat et avec un sol favorables, le pêcher en plein vent pourrait avoir une longue durée, mais à la condition de conserver la végétation dans ses branches au moyen d'une taille annuelle qui renouvellerait chaque année ses bourgeons fructifères, en les tenant rapprochés des branches, comme on le pratique pour les espaliers.

## X. — *Taille en candélabre.*

Nous sommes disposé à penser qu'on pourrait tirer un utile parti de cette taille ; la charpente de l'arbre qui y est soumis se forme de bras verticaux élevés sur deux branches-mères horizontales ; il semble que dans cette forme chacun des bras placés d'une manière semblable pourrait être soumis à une direction uniforme ; chacun d'eux serait garni sur toute sa longueur de branches fruitières qui se palisseraient horizontalement à droite et à gauche, et qui, également placées dans une position pour ainsi dire identique, n'offriraient aucune difficulté au maintien entre elles de l'équilibre nécessaire. L'ensemble de la méthode nous semblerait donc être à la portée des jardiniers, fussent-ils peu habiles, et exiger des soins moins assidus que la plupart des autres systèmes.

On aurait cependant encore à vaincre la tendance du bourgeon terminal de chacun des bras à s'élancer verticalement ; mais nous pensons que des pincements précoces et réitérés pourraient la maîtriser.

Pour établir ces arbres, ou commencerait par assurer de la vigueur aux deux branches-mères horizontales en leur laissant prendre pendant la première saison la direction verticale ; sur ces deux branches-mères bien développées, on se bornerait chaque année à établir deux bras verticaux, en laissant entre eux une distance de 0<sup>m</sup>,50.

On peut considérer un arbre conduit dans ce système comme une suite de petites palmettes ayant toutes le même avantage de position ; cette forme semble devoir être favorable à la qualité des fruits, parce que toutes les branches reçoivent ainsi plus directement et avec une parfaite égalité les influences bienfaisantes de l'air et du soleil.

On peut citer comme exemples du succès de ces petites palmettes à branches verticales, portant de courtes bifurcations fruitières horizontales, les pêchers de Boissy-Saint-Léger, dont Lelieur donne le dessin dans sa *Pomone française*, et celui que nous avons vu à Mâcon chez M. Barbet, jardinier, l'un des meilleurs élèves de M. Jard.

Dans ce dernier cas, l'arbre n'offre que deux branches qui circulent autour de deux croisées ; il n'y a donc pas identité parfaite, quant à la multiplicité des membres, avec le nombre de branches qu'on donne ordinairement au candélabre ; mais l'arbre de Boissy-Saint-Léger s'en rapproche beaucoup. Un seul pêcher, d'après le dessin de Lelieur, y donne effectivement naissance à sept branches verticales ou circulaires, dont les dernières ont sensiblement moins de vigueur que les premières. Cet exemple répondrait donc victorieusement à l'objection qui nous a été faite par un arboriculteur très-habile, que les dernières branches affameraient les premières. Toutefois nous pensons que cette méthode a encore besoin de la sanction de l'expérience.

## XI. — *Méthode de M. Jard.*

L'honorable M. Jard, dont nous avons précédemment parlé, pratique avec le plus grand succès la taille des arbres, et particulièrement celle des pêchers. Avant lui ils réussissaient peu dans son pays ; il a vaincu cette difficulté en défonçant son terrain à 1 mètre de profondeur. Il est ainsi arrivé à obtenir des pêchers en espalier de la plus grande beauté, et un entre autres de 20 mètres d'envergure sur 5 de hauteur. Le mur, parfaitement bien garni, ne présentait pas un seul vide ; cependant ni la vigueur de l'arbre, ni les soins assidus et éclairés de celui qui l'avait formé, n'ont pu le préserver de la rigueur de nos derniers hivers ; il a péri. Avant de le remplacer, on a changé la terre de la plate-bande sur 3 mètres de largeur et plus de 1m,60 de profondeur. Il reste toutefois encore à M. Jard des pêchers très-remarquables; un en autres, taillé en palmette, offre une surface de 8 mètres de hauteur sur 11 de largeur, sans montrer le moindre vide.

Mâcon, ses environs, et même ceux de Lyon, se peuplent des élèves de M. Jard ; car, entre autres qualités, cet estimable horticulteur se distingue par son empressement à faire part de ses connaissances à tous ceux qui jugent convenable de le consulter. On voit à Saint-Clément, près de Mâcon, dans les jardins de madame du Sordet, des pêchers, conduits par un de ses élèves, qui surpassent ce que nous avons vu de mieux à Montreuil ; ils égalent en beauté, en vigueur et en parfait équilibre dans toutes leurs parties, ceux du maître lui-même ; les uns sont conduits par la méthode de Montreuil, en V ouvert, d'autres sont taillés en palmette.

Près de là nous avons visité plus tard le jardin de M. Barbet, dont les pêchers ne le cèdent en rien à ceux dont nous venons de parler, pour la vigueur, la régularité

et la perfection avec laquelle ils sont conduits. Il en est un,
entre autres, que nous venons de citer, qui serpente en
cordon autour de deux croisées ; il est garni sur tout son
développement de branches fruitières qui produisent abondamment chaque année. Ces pêchers sont taillés, et leurs
bourgeons réservés sont palissés de toute leur longueur dès
le courant de novembre. Cette taille précoce met à l'abri des
rigueurs de l'hiver les bourgeons qu'on veut conserver ; au
printemps il ne reste plus à faire que la taille de remplacement et à procéder à l'enlèvement de quelques bourgeons
que, par prévoyance, on laisse plus nombreux qu'il n'est
nécessaire.

M. Jard ne néglige rien pour donner de la vigueur à ses
arbres ; il défonce profondément le sol, et apporte des terres
neuves et de l'engrais : aussi obtient-il des pousses vigoureuses qu'il commence à courber dans l'année même de leur
naissance. Il retranche de bonne heure les bourgeons qui se
développent devant et derrière les membres, et à la taille
il laisse dans toute sa longueur le bourgeon terminal des
branches qui forment la charpente, si ce n'est, nous disait-
il, pendant les deux ou trois premières années, pendant lesquelles il supprime ou rabat tout ce qui paraît s'opposer à la
constitution de la forme ou au maintien de l'équilibre.

« Toutes les fois, ajoute-t-il, que l'œil terminal d'un
membre est bien conditionné, je le conserve précieuse-
ment, sans pincer le bourgeon ; je me borne à ébourgeonner
à sec tout œil superflu ou mal placé. Je taille les coursons
suivant leur force relative, et, pour conserver ou atteindre
l'équilibre, j'incline ou relève les branches qui forment la
charpente ; je maîtrise la prépondérance des fortes branches
par la production, par la surcharge de fruits. »

Il a adopté le principe de tailler long les branches auxquelles il veut donner de la force, et court celles auxquelles
il veut en ôter ; il laisse peu de fruits sur les branches du

bas, un peu plus sur celles du haut ; il en demande à chaque branche suivant sa force et sa position. Il suit les procédés ordinaires pour obtenir ses branches de remplacement. Il obtient ainsi en peu d'années des pêchers d'une beauté, d'une régularité parfaites, et d'un très-grand développement.

Mais de pareils pêchers demandent des soins assidus, une surveillance de tous les jours, et une main-d'œuvre considérable ; on pourrait, à ce qu'il semble, les avoir un peu moins beaux, moins grands surtout, avec des soins ordinaires, pourvu que le sol et le climat ne s'y opposassent pas. Nous ne pensons pas que, dans la pratique commune, on doive chercher à donner aux pêchers une bien grande étendue ; il faut trop de temps pour qu'ils puissent garnir un mur ; leur mort y laisse un trop grand vide, et les difficultés de leur conduite s'accroissent dans une proportion qui n'est plus en rapport avec leur développement et qui n'offre point de compensation. Il n'en est pas des pêchers comme de certaines espèces de poiriers et de pommiers greffés sur franc, qui ont besoin pour produire d'avoir atteint un âge un peu avancé et pris un développement considérable. A trois ans, un pêcher de semence commence déjà à se garnir de branches à fruits ; ses pousses, quelque contenues et quelque vigoureuses qu'elles soient, ne manquent jamais d'en produire, et le pêcher en espalier porte souvent, dès l'année même qui suit sa plantation, des yeux à fruits sur ses bourgeons.

Ce n'est toutefois pas sans motifs que M. Jard a cherché à établir des arbres d'un grand développement ; quand, au bout de quarante années de travaux et d'expérience, il a eu créé une méthode, il a avec raison jugé utile de la propager, et il a pensé que, pour montrer sa puissance, il fallait frapper les yeux par une grande difficulté vaincue ; 80 à 100 mètres de mur couverts régulièrement, sans vide, par un seul arbre d'une végétation vigoureuse, et où on compte les fruits par centaines, convainquent l'ignorant comme l'habile de la

5.

valeur de la méthode qui a servi de base à leur direction ; aussi, de toutes parts, amateurs et jardiniers s'empressent-ils de venir admirer ses beaux résultats et de lui demander des instructions, afin de suivre la voie dans laquelle il est entré le premier.

Nous avons dit précédemment que M. Jard formait sa charpente de bras horizontaux avant de songer à en établir de verticaux. Pour les obtenir et remplir les vides que des accidents peuvent faire sur ses espaliers, il a imaginé une greffe en approche très-ingénieuse. Il choisit sur l'arbre même un bourgeon placé à proximité de l'endroit où il veut poser sa branche ; il l'entaille à mi-bois ; puis il soulève l'écorce de sa branche et y engage son bourgeon. « Cette greffe, nous dit-il, se pratique entre l'écorce et l'aubier, sans entamer le bois du sujet ; une éclisse de sureau fendue, prise sur les plus fortes tiges d'un an, dont le cœur est rempli d'une moelle souple, abondante, et taillée sur la longueur de l'insertion, est légèrement évidée dans le centre en forme de couloir. Elle se place sur la greffe, qu'elle comprime à l'aide d'un fil de fer posé à chaque extrémité et serré en tordant ses deux bouts au moyen d'une pince. On défend avec des tampons de bois ou de paille l'écorce de l'arbre du contact du fil de fer. La moelle comprimée ferme si hermétiquement l'insertion qu'il est impossible à la gomme de s'ouvrir un passage. Ainsi pratiquée, la reprise de la greffe est à peu près infaillible : on ne la sèvre cependant que lorsque le bourgeon annonce, par sa pousse vigoureuse, qu'il a pris en quelque sorte racine dans le membre. Cette greffe, pratiquée dans le dessus des deux membres, après que l'arbre a atteint un développement suffisant, est préférable aux bourgeons naturels qu'on aurait amoindris par le pincement. En effet : 1° ce membre vertical ne surgira qu'au point strictement indiqué ; 2° il sera exempt de rugosités, de chicots, de défectuosités d'écorce ; 3° il sera moins sujet aux écarts que pourrait occasionner un excès de force de végétation, malgré sa position verticale, parce qu'il sera le résultat d'un bourgeon à fruit. Toutes ces précautions contribuent beaucoup à le retenir dans des dimensions désirables, ainsi qu'une expérience de trente années me l'a démontré. »

L'emploi de la greffe Jard ne se borne pas seulement à donner au pêcher ses bras verticaux au moment et à la place qu'on juge les plus convenables, elle sert encore à combler tous les vides qui se forment si souvent et si facilement sur cet arbre. Les précautions que prend son auteur sont utiles sans doute pour assurer son succès, mais elles ne sont pas indispensables. Plusieurs de ses élèves réussissent en se bornant à lier la greffe avec de la laine et en recouvrant l'ensemble d'un enduit résineux ou seulement d'onguent de Saint-Fiacre.

Lorsqu'il craint que le bourgeon inséré ne prenne trop de force, notre habile pomologue a imaginé un moyen ingénieux de le contenir : il le retourne et le place dans son incision d'une manière inverse, c'est-à-dire que sa partie inférieure, qui fournit la séve, est mise en contact avec la branche du côté extérieur de l'arbre, tandis que celle qui doit produire la branche verticale se trouve du côté de l'intérieur ; par ce moyen la séve est plus ou moins contrariée dans sa marche, et l'excès de vigueur du nouveau membre se trouve maîtrisé.

M. Jard fume beaucoup ses arbres, condition nécessaire pour subvenir à leur grand développement et même pour obtenir une abondante fructification. Les variétés sauvages de nos fruits produisent avec abondance même sans être fumées; mais nos variétés perfectionnées, pour nous donner une bonne récolte, ont besoin d'être alimentées par des engrais abondants.

M. Jard vient à bout de faire réussir successivement des arbres de même espèce, des pêchers, par exemple, à la même place ; mais pour y parvenir il change le sol sur 3 mètres au moins de largeur et 1 mètre de profondeur.

Telles sont les observations que nous ont suggérées nos visites aux cultures de M. Jard. Il est bien à désirer qu'il publie sa méthode de taille et les résultats de son expérience, dont nous n'avons pu donner ici qu'une idée bien incomplète. Il est à craindre, s'il ne le fait pas, que sa méthode ne se perpétue pas, ou qu'elle ne se transmette imparfaitement si elle est abandonnée à la tradition de ses élèves.

En résumé, on pourra remarquer, dans l'analyse comparative que nous venons de faire des diverses méthodes de taille, que nous n'en avons repoussé aucune ; c'est que toutes ont réussi, que toutes nous semblent avoir donné des résultats satisfaisants. Il en est sans doute de préférables les unes aux autres ; notre but a été d'éclairer assez bien la question pour que l'on pût, avec connaissance de cause, se déterminer en faveur de l'une d'elles : heureux si nous avons pu réussir à les faire apprécier à leur juste valeur.

# CHAPITRE V.

### Moyens d'améliorer la culture du pêcher.

Depuis longues années nous prenons le plus grand intérêt à la taille des arbres ; nous l'avons toujours étudiée avec soin, soit sur le terrain, soit dans les auteurs praticiens qui en ont le mieux traité ; nous avons visité à plusieurs reprises Montreuil et ses arbres modèles, et nous avons nous-même beaucoup pratiqué sur des arbres de formes et d'espèces diverses, sans cependant (nous devons le dire) y avoir, en raison de beaucoup d'autres travaux, donné les soins, le temps et la suite convenables. Nous avons, à ce qu'il semble, contre nous le climat et le sol ; aussi avons-nous vu, à diverses reprises, périr nos pêchers en espalier, tantôt frappés l'hiver par la gelée, tantôt attaqués dans le printemps et dans l'été par la *gomme* et la *cloque.*

Cependant, dans l'un des emplacements où nos plantations nouvelles n'ont pas réussi, nous avons vu mourir des pêchers en espalier qui avaient duré plus de trente ans ; le vieux jardinier qui les conduisait ne connaissait ni la taille de Montreuil, ni la taille moderne ; ses pêchers étaient petits, couvraient peu d'espace, mais duraient et se chargeaient de fruits. Sa taille consistait à retrancher, sous le nom de gourmands, à peu près toutes les branches à bois, et il l'asseyait sur les branches à fruits, qu'il taillait long. Nous avons fait de vains efforts pour remplacer ces pêchers en leur appliquant la taille de Montreuil et en changeant le terrain ; nous en avons planté dans des terres neuves, où il n'en avait jamais existé ; les uns et les autres perdaient leurs branches ; souvent un côté tout entier périssait, et les arbres duraient à peine quatre, cinq ou six ans. D'ailleurs il ne nous est pas démontré qu'ils eussent éprouvé le même sort si nous leur eussions appliqué la taille qu'employait l'ancien jardinier. Ce n'est pas seulement en un seul lieu que nous avons vu mourir nos pêchers en espalier ; ils ont été frappés, partout où nous les avions placés, par les intempéries de l'hiver ou du printemps. Nous avons vu succomber de même dans nos contrées des pêchers soumis par des mains plus habiles que les nôtres à une taille raisonnée, et auxquels on prodiguait des soins assidus ; nous avons donc cru devoir en conclure que c'était le sol ou le climat qui ne leur était point favorable ; peut-être faut-il accuser l'un et l'autre. Mais nous ne serions pas éloigné de penser, en nous appuyant sur les succès de notre vieux jardinier, que l'un des moyens les plus efficaces de contre-balancer les influences de sol et de climat serait de restreindre l'arbre à de faibles dimensions, et de concentrer la séve dans les branches fruitières en ne leur appliquant qu'une taille relativement longue.

Les cultivateurs de Thomery, au lieu de n'avoir, comme ailleurs, qu'un petit nombre de ceps pour couvrir leurs murs, les placent à une distance de 0m.50 à 0m,60 les uns des autres, et obtiennent ainsi beaucoup de fruits, tout en assurant à leurs vignes une longue durée. Nous penserions donc qu'en plaçant les pêchers en espalier à 5 ou 6 mètres les uns des autres, dans les pays où, comme dans le nôtre, le climat et le sol leur sont peu favorables, on arriverait à les mettre plus promptement et plus abondamment à fruit, tout en leur assurant plus de durée et en les exposant à moins de chances d'accidents. Il est reconnu que les racines restent toujours en rapport avec le développement des branches : un arbre dont on restreint la dimension des branches se trouve donc aussi restreint dans ses racines ; de plus, en lui demandant plus de fruits que de bois, on arrête le développement des branches à bois, on diminue l'appareil foliacé et par conséquent la quantité de séve descendante, qui est dès lors fournie en moins grande abondance aux racines, d'où il résulte que celles-ci s'étendent en tous sens à de moindres distances. On conçoit alors que ces racines, pénétrant moins profondément dans le sol, aspirent moins de ces sucs aqueux et peu assimilables qu'on regarde comme la principale cause de l'altération de la séve. Nous devons donc, dans ces natures de sol, préférer au pêcher greffé sur l'amandier, qui pivote, le pêcher greffé sur le prunier, dont les racines sont traçantes, de même que nous estimons qu'il est à propos de planter les arbres à peu de distance. Ce serait à cette disposition, et au faible développement que donnait notre vieux jardinier à ses pêchers, que nous serions disposé à attribuer leur durée dans des lieux où nous avons vu à plusieurs reprises les nôtres dépérir. Les racines de ses faibles arbres restaient près de la surface du sol, et la séve qu'elles pompaient n'était point altérée par les eaux stagnantes dont notre sous-sol imperméable arrête l'écoulement.

Lorsque l'obstacle vient plutôt du sol que du climat, il y aurait, à ce qu'il nous semble, un moyen à peu près sûr de le vaincre. M. Chopin annonce dans son ouvrage qu'il a fait réussir des pêchers en espaliers à Bar-le-Duc, quand, avant lui, on prétendait que le climat y était contraire ; il a employé pour arriver à son but un défoncement qu'on peut dire considérable, puisqu'il le poussait jusqu'à 2 mètres de profondeur ; mais ses pêchers, avec sa taille et les abris ordinaires, ont merveilleusement réussi. L'un de nos frères, qui a aussi tenté à plusieurs reprises, mais sans succès, d'établir des espaliers de pêchers, a vu, dans le courant des années dernières, périr successivement tous ceux qui faisaient l'objet de sa dernière tentative, à l'exception d'un seul *qui se trouve sur un défoncement.*

Lors d'un voyage que nous fîmes en Hollande, on nous disait que dans la Gueldre on ne pouvait compter sur la reprise des arbres qu'autant qu'on avait fait précéder leur plantation par un défoncement profond. Enfin, dans le Mâconnais, dont le sol et le climat ne sont pas sans analogie avec les nôtres, M. Jard regarde le défoncement comme une condition presque absolue de succès. Nous proposons donc à ceux qui, comme nous, voient leurs pêchers périr sans cause apparente, de recourir à ce moyen ; la cause de leurs échecs se trouve dans l'imperméabilité du sous-sol, qui non-seulement ne permet pas aux racines d'y pénétrer, mais qui retient une humidité surabondante et nuisible ; cette eau, stagnante en quelque sorte dans le sol, pompée par les racines, porte dans le pêcher des sucs délétères qui en vicient la sève et la font tourner en *gomme.* Nous serions donc disposé à admettre que le défoncement pourrait assez souvent faire réussir les pêchers dans les terrains où ils périssaient d'ordinaire ; mais ce défoncement, partout utile, a bien plus d'importance encore dans notre région, où les pluies annuelles, qui atteignent jusqu'à 1ᵐ,25, sont plus que doubles de celles qui tombent sous le climat parisien.

Nous devons insister sur ce point : dans un sol de même nature, mais placé dans deux climats différents, les arbres demandent à être dirigés d'une manière différente, suivant la quantité normale de pluie et suivant même l'époque où elle tombe dans chacune de ces contrées. Dans les climats où la pluie est rare, un sol argileux peut être suffisamment perméable, tandis qu'il cesse de l'être dans un autre où la pluie est fréquente. Dans un climat comme le nôtre, où la pluie tombe abondamment en toute saison, excepté vers la fin d'avril et dans le courant de mai, époque où elle serait utile à la végétation ; dans ce climat, dis-je, le pêcher, par exemple, est plus exposé à la *gomme* lors des pluies du premier printemps, saison pendant laquelle la végétation se renouvelle et demande plus au sol, que si cette pluie tombait en automne, pendant le repos de la végétation.

Nous sommes confirmé dans notre conjecture par ce qui s'est passé sous nos yeux aux printemps de 1848 et de 1849 ; des pluies incessantes ont inondé le terrain ; aussi la *gomme* a-t-elle fait plus de ravages que dans les années précédentes. De jeunes pêchers ont eu leurs yeux oblitérés et sont morts sans émettre un bourgeon ; les abris des murs n'ont pas réussi à protéger les espaliers qui avaient traversé l'hiver sans que leurs boutons à fruits reçussent aucune atteinte. Mais nous pensons qu'il ne suffit pas, avec un sol peu perméable, de faire pour chaque arbre un creux profond et large ; lorsque le sol forme une plaine, ce creux constitue une espèce de bassin qui attire et retient les eaux ; si on ne peut, par des dégorgeoirs, en assurer l'écoulement, il devient nécessaire d'employer le moyen qui réussit pour les plantes en pot, c'est-à-dire de faire un trou de 4$^m$,30 de profondeur, et de le remplir, jusqu'à 0$^m$,60 de la surface, de gros graviers, de pierrailles, fût-ce même de broussailles, qui, attirant les eaux superflues de la couche supérieure, laissent aux pêchers pour végéter 0m,60 de terre assainie. Si le sol naturel se laisse cependant à la longue traverser par les eaux, il n'est pas nécessaire d'assécher artificiellement la couche perméable qu'on lui a donnée ; elle ne pourra nuire par son égouttement tardif au pêcher, dont les racines ne sauraient pénétrer à travers les pierres et les cailloux qui la composent ; mais si l'eau séjourne sans infiltration dans la fosse, le sol sera trop argileux pour le pêcher, qui n'y aura alors qu'un médiocre succès.

Il est d'ailleurs certain que le défoncement et la perméabilité acquise au sous-sol diminueraient les chances que court l'arbre d'être endommagé par la gelée, puisque évidemment les sucs séveux que renferme l'arbre seraient moins aqueux, et par conséquent moins sujets à geler, que lorsque la couche végétale restait pénétrée d'eau en raison de l'imperméabilité du sous-sol.

Il est essentiel, pour la plupart des arbres et pour le pêcher surtout, que leurs racines n'arrivent pas jusqu'au contact de l'eau ; comme les racines se nourrissent incessamment par leur prolongement, et que leur direction naturelle est de s'enfoncer en terre, elles ne remontent pas dans la couche saine, lorsque la couche d'eau est voisine de la surface et qu'elles viennent à l'atteindre ; mais leurs spongioles, arrivées au liquide, ne portent plus dans l'arbre que des sucs aqueux qui le font languir et le plus souvent périr. Dans de très-grandes plantations de peupliers que nous avons faites au bord des eaux, nous voyons ces arbres encore jeunes se couronner aussitôt qu'ils atteignent la couche pénétrée par l'humidité ; et lorsque cette couche n'est pas à plus de 0m,30 du niveau du sol, l'arbre meurt jeune et sans avoir donné aucun produit. Il en est de même de la plupart des essences forestières et fruitières, mais surtout du pêcher ; nous l'avons vu, dans des terrains sablonneux qui lui conviennent éminemment, mais dont le sous-sol, à peu de pro-

fondeur, recèle une couche liquide, réussir merveilleusement
pendant les deux ou trois premières années, et être attaqué
de la *gomme* ou périr lorsque les racines arrivent à la couche
pénétrée d'humidité.

Dans ce cas, comme dans celui des terrains argileux en
général, nous pensons qu'on augmenterait les chances de
succès en plantant des pêchers greffés sur pruniers d'espèces
traçantes. On aurait, il est vrai, l'inconvénient des drageons,
mais il n'est ni bien difficile ni bien pénible de les arracher.

On s'assurerait encore plus d'avantage en plantant ces
pêchers sur des buttes de terre qui élèveraient ainsi de
toute leur épaisseur les racines au-dessus du niveau de l'eau.
Nous pensons que ce moyen, ajouté à la greffe sur prunier,
devrait le plus souvent faire réussir le pêcher dans les pays
où le niveau de l'eau est près de la surface du sol.

En nous résumant sur ce point important d'arboriculture,
notre opinion serait donc que la nature du sol, et surtout
l'imperméabilité du sous-sol, serait l'une des causes principales du mal que produisent pendant l'hiver les gelées sur
tous les arbres fruitiers et même forestiers; il faudrait également lui attribuer en grande partie la maladie connue sous
le nom de *gomme*, à laquelle sont sujets le pêcher et l'abricotier. Cependant nous pensons que, pour ces derniers
surtout, les circonstances atmosphériques, les pluies froides,
les variations subites de température ont aussi une grande
influence sur la brièveté de l'existence et sur la carrière
souvent pénible que parcourent, dans nos climats, ces arbres
exotiques lorsqu'on les abandonne en plein vent. Les progrès
de leur naturalisation, s'il y en a, ont été en général bien
faibles. On ne voit pas que ces végétaux, malgré le temps
écoulé depuis leur introduction, aient acquis plus d'aptitude
à résister aux influences du climat et du sol; les soins qu'on
leur a donnés ont sans doute amélioré leurs fruits, mais il
semble que ces variétés meilleures sont devenues, en raison

de leur amélioration même, plus sensibles aux influences défavorables de sol et de climat.

En dernière analyse, nous pensons cependant que, soit en restreignant le pêcher à de plus petites dimensions, soit en défonçant profondément le terrain lors de sa plantation, soit en lui donnant, au lieu d'un sous-sol imperméable qui repousse ses racines, un sous-sol artificiel, soit en le greffant sur une espèce à racine traçante, soit enfin en élevant le sol dans lequel on le plante, lorsque le terrain est trop humide, on peut venir à bout de surmonter en grande partie les causes d'insuccès qui proviennent du sol. Les obstacles qu'oppose le climat sont plus difficiles à vaincre ; cependant l'abri des murs, des auvents, des paillassons, peut, le plus souvent, le garantir contre les atteintes de l'hiver, et nous pensons qu'en défonçant profondément, en rendant au besoin le sol plus léger, en l'asséchant suffisamment, on pourrait diminuer les inconvénients qui résultent des fortes et longues pluies. Quant à ceux que font naître les brusques variations de température, les pêchers en espalier en sont défendus en partie avec les auvents et par la manœuvre des paillassons.

## CHAPITRE VI.

### Culture du pêcher en plein vent.

Cette culture nous semble beaucoup trop négligée, et on est loin d'en tirer tout l'avantage qu'elle pourrait offrir. Dans la plus grande partie de la France on se persuade que le pêcher ne peut donner de bons fruits que cultivé en espalier. Cependant, ainsi que nous l'avons dit précédemment, il existe dans les environs de Paris plusieurs communes où on cultive en plein vent avec très-grand profit plusieurs variétés de choix. Nous savons d'ailleurs, par l'expérience d'un grand nombre d'arboriculteurs et par la nôtre propre, qu'on peut obtenir d'excellents et de beaux fruits du pêcher en plein vent; mais, pour lui assurer une longue existence, nous pensons qu'on doit le tenir rapproché par une taille annuelle. Sans doute il n'est point nécessaire, comme dans les espaliers, de ménager à chaque branche fruitière son bourgeon de remplacement; mais il faut absolument empêcher que ses membres se dégarnissent, et par conséquent y tenir la séve concentrée par des rapprochements. Il ne suffit donc point de recéper les bourgeons terminaux; il faut encore rabattre les bourgeons intermédiaires.

Les soins à donner au pêcher en plein vent peuvent se borner à la taille du printemps; cette taille se fait avec le sécateur, qui expédie promptement et bien la besogne; on se dispense du pincement, de l'ébourgeonnement et de la taille en vert, nécessaires à l'espalier pour lui donner et maintenir sa forme régulière. Le produit du pêcher en plein vent est trop peu assuré dans nos climats pour lui prodiguer ces soins minutieux; la taille même pourrait n'être appliquée qu'aux individus dont le fruit aurait de la qualité et qui auraient montré une certaine force de résistance aux influences du climat. Nous pensons d'ailleurs que, cette taille donnant plus de vigueur à l'arbre, il serait moins exposé à la *cloque* et à la *gomme*, maladies qui lui sont si funestes.

Il est beaucoup de contrées où le pêcher se cultive en plein vent dans les vignes; il donne peu d'ombrage, en raison de ce que, sa végétation se portant, dès ses premières années, vers les extrémités, il y a une distance assez considérable entre le sol et ses principales branches. On ne lui donne généralement aucun soin; on se borne à le recéper quand sa végétation affaiblie ne se montre plus qu'aux extrémités de ses longues branches dépourvues de feuilles et de bourgeons

fructifères; et lorsqu'il meurt, on le remplace par des
sujets dus au hasard des semis. On ne cultive le plus souvent qu'un petit nombre de variétés mûrissant en même
temps et se reproduisant toujours les mêmes ; leur produit
appartient d'ordinaire exclusivement au cultivateur à moitié
fruit, qui ne s'occupe généralement que de les multiplier
outre mesure. Et cependant, lorsqu'on fait des semis des variétés choisies, on arrive facilement à avoir des pêches de
la plus belle et de la plus excellente qualité, rivalisant pour
la beauté avec celles que donnent les espaliers et l'emportant souvent sur elles en qualité ; car tous les pêchers cultivés en espalier proviennent de semis de hasard des environs
de Paris, où cette culture a pris naissance. De toutes les
espèces d'arbres fruitiers, le pêcher est celle qui donne le
plus facilement, par le semis, de bonnes variétés de fruits.

On sèmerait donc annuellement des noyaux des meilleures variétés ; on réformerait dès la première et la seconde
année les arbres que frapperait la *gomme* ou la *cloque*.
Lorsque la fructification aurait permis d'établir sûrement ses
préférences, on s'attacherait spécialement à multiplier les
espèces qui, donnant de bons fruits, craindraient le moins
les intempéries ; on renouvellerait chaque année ses semis,
en joignant aux noyaux des meilleures variétés de plein vent
ceux de bonnes pêches provenant d'espaliers. Il est probable qu'en suivant cette marche on arriverait, au bout de peu
d'années, à obtenir des variétés dont les bonnes qualités et
la résistance aux influences du climat se perpétueraient
par le semis. En propageant les pêches tardives et les pêches
hâtives, on aurait en plein vent des arbres qui donneraient,
comme les espaliers, des fruits pendant près de trois mois.

Parmi les pêches tardives nous citerons la pêche sanguine,
variété plus rustique que beaucoup d'autres, d'un transport
facile, qui se conserve bien étant cueillie, et qu'on parvien-
drait à améliorer par le semis. Le plus souvent, il est vrai,

les bonnes variétés sont les plus exposées à souffrir des intempéries ; cependant il en est qui résistent assez bien aux influences défavorables du climat. Ainsi la pêche violette, dont quelques pomologues, les Anglais en particulier, veulent faire une espèce sous le nom de *Nectarine*, est généralement plus rustique que les autres variétés ; les semis viennent de leur en donner une nouvelle qu'on annonce comme la meilleure de toutes les pêches connues ; elle existe déjà en Belgique, et nous espérons nous la procurer l'année prochaine. Les individus en plein vent qui donnent la pêche violette vivent beaucoup plus longtemps que ceux qui produisent les autres variétés. Nous avons, entre autres, un petit pêcher de la variété nommée pêche cerise, la plus petite de cette famille, qui sans soins et sans recépage dure depuis trente ans ; ces pêches ont cependant, certaines variétés du moins, le défaut de se fendre, lorsqu'elles restent pendant quelque temps exposées à la pluie ; mais elles sont fermes, leur peau est résistante, elles se conservent assez longtemps après avoir été cueillies, et pourraient par conséquent se transporter facilement à de grandes distances.

Dans notre climat, d'ailleurs, si peu favorable au pêcher, nous semons tous les ans des variétés choisies ; nous les cultivons en plein vent à la campagne, et, dans les années où le fruit arrive à bonne fin, nous avons pendant plus de deux mois une grande abondance de pêches dont un certain nombre sont de la plus excellente qualité, et que nous regardons même comme supérieures à la plupart des variétés provenant d'arbres greffés.

Il ne faut ni beaucoup de temps ni beaucoup de terrain pour faire des essais suivis, et leurs résultats souvent favorables ne se font pas attendre. On sème aussitôt après la récolte les noyaux des bonnes variétés ; la plupart lèvent au printemps suivant : il est rare que quelques-uns manquent. Ce moyen est de beaucoup le meilleur ; si cependant, ce qui arrive quelquefois en pleine terre, les rats leur font une guerre trop acharnée, on les sème dans des terrines, et on leur fait passer l'hiver dans la serre tempérée, comme s'il s'agissait de pepins de poires ou de pommes ; on les repique au printemps, lorsque la jeune tige aura déjà pris une couleur verte et développé quelques feuilles ; car leur transplantation, comme celle des pepins, en germes encore blancs, fait périr beaucoup d'individus lorsqu'ils sont exposés aux hâles du printemps ; ils reprennent au contraire assez bien lorsque la tige a déjà des feuilles.

# TROISIÈME PARTIE.

## FÉCONDITÉ DES ESPÈCES FRUITIÈRES; MOYENS DE L'OBTENIR; THÉORIE DE LA FRUCTIFICATION ET MARCHE DE LA VÉGÉTATION.

---

## CHAPITRE Iᵉʳ.

### Soins préliminaires pour obtenir des plantations fécondes.

Le but essentiel qu'on doit se proposer dans la culture des arbres à fruits est, à notre avis, leur fécondité ; la forme, sans doute, la régularité ont leur importance, mais la fructification doit passer bien avant elles. On a, si l'on veut, des ifs et des buis pour la forme, mais c'est surtout du fruit qu'on doit demander aux arbres fruitiers.

L'art consiste à réunir autant que possible ces deux conditions de fécondité et de forme, qui semblent quelquefois antipathiques. Les prescriptions ou plutôt la pratique de la taille ancienne, pour les fruits à pepins surtout, n'arrivaient guères au but. On voit dans tous les jardins une foule d'arbres taillés en pyramides assez régulières, mais qui fructifient peu. Nous connaissons aussi des arbres en gobelets fort proprement dirigés ; mais leur vie s'est passée jusqu'ici et se passera peut-être tout entière sans qu'on connaisse, pour ainsi dire, leurs fruits. Les arbres dont nous parlons

poussaient annuellement des branches à bois vigoureuses,
qu'on retranchait chaque année à la taille, mais qui repous-
saient avec une obstination désespérante.

Nous nous sommes occupé, dans les chapitres qui précèdent, plus encore des différentes formes à donner aux arbres que de leur fructification; mais dans ceux qui suivent,
nous rechercherons plus spécialement les moyens de mettre
à fruit les arbres rebelles. Nous décrirons les divers procédés dont l'expérience a démontré l'efficacité, nous analyserons dans leur pratique et leur théorie ceux qui peuvent
jeter quelque lumière sur les principaux phénomènes de
la végétation, bien convaincu que nous sommes de l'a-
vantage qu'il y a à fonder la pratique sur le raisonnement
en même temps que sur l'expérience. Nous commencerons
par l'incision annulaire, opération dont les résultats nous
mettent sur la voie de la théorie de la fructification et de la
marche de la séve.

Mais avant d'entrer dans ces développements, nous
croyons utile d'exposer d'abord les premières conditions
essentielles pour obtenir sans artifice des plantations fructifères.

1. Les espèces fruitières sont plus ou moins fécondes les
unes que les autres; celles-ci doivent leur infécondité à leur
grande vigueur; elles donnent beaucoup de bourgeons à
bois et très-peu de bourgeons fructifères, alors même qu'elles
ont passé l'âge de la jeunesse; celles-là portent d'abondants
boutons à fruit, que les intempéries de l'hiver détruisent
trop souvent. Chez certaines variétés la gelée ne frappe que
les boutons qui doivent donner du fruit dans l'année, chez
d'autres elle atteint encore ceux qui n'en doivent donner
que dans un ou deux ans; dans quelques-unes, les tiges,
comme les branches, sont frappées par la gelée. Cet effet se
manifeste sur les écorces, qui se fendent, se gercent. Ces
dernières ne portent des fruits que lorsque le temps, la

6

bonne qualité du sol et la force de la jeunesse ont fermé les plaies. renouvelé l'écorce. De pareils accidents arrivent souvent dans nos climats aux poiriers plantés dans les terrains humides.

Dans d'autres variétés le défaut de fécondité est dû à ce que la plupart des fleurs coulent à la moindre intempérie ; il en est un grand nombre dont quelques jours de chaleur font tomber les fruits après qu'ils se sont noués, et d'autres où ils se tachent, se gercent, se fendent dans le cours de la saison, et pourrissent ou sont sans valeur à l'époque de la maturité. Ces derniers accidents, auxquels sont plus particulièrement sujettes certaines variétés, sont cependant aussi déterminés par des conditions souvent peu connues de climat et de sol.

Il existe encore des espèces qui, fécondes dans un pays, le sont médiocrement dans d'autres ; ainsi la virgouleuse, généralement peu fructifère dans beaucoup de contrées, est très-productive ailleurs : nous l'avons vue arriver à Nice par cargaisons de quelques cantons du Piémont, où elle produit abondamment. Il y a plus ; dans un même lieu, suivant la nature du sol et de l'exposition, certaines espèces sont tantôt plus, tantôt moins productives ; en outre, il y a des climats très-favorables aux fruits, d'autres qui leur sont défavorables. En Alsace, surtout dans les parties voisines de l'Allemagne, certaines variétés d'arbres qui paraissent spéciales au pays se chargent de fruits d'une manière tout à fait inusitée dans nos contrées, et ces fruits se consomment toute l'année en vert, en sec, en conserve et en boisson. Dans les Vosges, le cerisier donne une quantité et une qualité de fruits qu'on ne retrouve point ailleurs ; nous avons vu de grandes plantations des mêmes variétés produire, dans des climats et des sols qui semblaient analogues, peu de fruits d'une médiocre qualité. Cette fécondité tient encore plus au climat qu'aux variétés elles-mêmes.

2. Un soin essentiel que devrait prendre celui qui veut planter serait donc de choisir des variétés appropriées au climat qu'il habite et que l'expérience y aurait fait reconnaître fécondes. Tous les jours nous voyons dans les anciens vergers des arbres se charger annuellement de fruits, au milieu d'autres qui n'en donnent que peu ou très-rarement. Pendant des années donc ces variétés occupent inutilement des places qui pourraient être avantageusement remplies par des espèces productives. Avant de leur appliquer le sage précepte donné par l'Évangile *de couper les arbres stériles pour les jeter au feu*, on peut, en greffant sur leurs branches des variétés fécondes, les amener à donner des fruits d'autant plus abondants que, pendant leur jeunesse, qui s'est écoulée dans la stérilité, ils ont pris un grand développement, et que par suite ils continueront d'être vigoureux alors même qu'ils porteront des fruits. Si cependant l'arbo-riculteur tient essentiellement à avoir des fruits des variétés qu'il a plantées, nous pensons qu'il pourra souvent réussir par les moyens que nous décrirons plus tard.

3. Depuis plusieurs années nous entendons un grand nombre de personnes se plaindre de ce que les espèces anciennement fécondes et de bonne qualité, sans avoir perdu tout à fait leur fécondité, ne donnent plus que des fruits généralement tachés, gercés, en un mot mauvais lorsqu'ils sont parvenus à maturité ; nous ne conseillerons cependant pas pour cela de les rejeter des plantations, mais seulement nous engagerons à les planter en moindre nombre. Nous avons, dans des écrits publiés avant que ces accidents eussent pris un caractère aussi marqué, établi, sur des faits que nous croyons peu contestables, que ces variétés, en vieillissant, se sont notablement détériorées, et qu'elles s'avancent insensiblement vers la décrépitude, pour finir par disparaître ; mais nous ne pensons pas que les accidents dont nous parlons, et qui ont pris presque instantanément un développe-

ment considérable, soient dus seulement à l'âge; le mal,
que nous avions vu poindre et grandir pendant nos observations d'un demi-siècle, ne s'accroissait que par degrés insensibles, et se faisait surtout remarquer soit quand on
comparait le grand développement des vieux arbres au
développement faible et maladif des sujets plantés plus récemment, soit quand on reconnaissait la plus grande sensi-
bilité de leurs fruits aux influences atmosphériques, soit
enfin quand on voyait leurs produits diminuer, et, de plus,
ces produits affectés, pour la plupart, de taches jadis incon-
nues. Mais aujourd'hui c'est tout autre chose ; ces arbres
perdent en grande partie leurs feuilles dès le mois d'août ;
leurs fruits se gercent, se tachent, se fendent. Les trois
quarts des Beurrés gris et blancs, par exemple, des Sucrés
verts qu'on récolte maintenant, sont souvent avariés, et un
quart au plus est vraiment mangeable. En 1848, dans près
d'un hectolitre de poires de Saint-Germain recueillies sur
plusieurs arbres, nous n'en avons pas trouvé une seule qui
ait pu atteindre sans pourrir le moment de sa consomma-
tion. Et cependant toutes les variétés nouvelles, arbres et
fruits, ont résisté à peu près entièrement à ces influences
délétères ; elles ont conservé leurs feuilles et donné des
fruits sans tache et sans altération. Parmi ces dernières,
néanmoins, le Beurré d'Hardempont perd souvent ses fruits
au printemps et se tache en automne ; mais nous ferons remarquer qu'il est dû au chanoine Hardempont, mort depuis
plus d'un siècle, et qu'il date d'un siècle et demi, ou environ, comme le Bézy-Chaumontel [1], chez lequel on retrouve
à peu près les mêmes défauts, tant sous le rapport de la fécondité que sous celui de la qualité des fruits. On pourrait
probablement, parmi les variétés cultivées de nos jours, en

---

[1] Merlet a vu, en 1621, le premier individu, né depuis peu d'années.

citer un certain nombre dont l'origine remonte à plus de deux siècles.

Nous n'attribuerons cependant pas entièrement à l'âge l'état de détérioration qu'on remarque dans nos anciens fruits; mais nous serions disposé à penser que la subite aggravation du mal serait spécialement due à certaines influences atmosphériques qui se manifestent depuis plusieurs années, et qui ont peut-être la même origine que celles qui frappent plus rudement encore nos pommes de terre. Après cela, ces influences fâcheuses sont-elles dues à des émanations de la terre elle-même, ou se forment-elles uniquement et spontanément des seuls éléments atmosphériques? Nous serions disposé à penser qu'elles proviennent spécialement, comme certains brouillards, d'émanations *telluriques* qui, combinées avec les éléments atmosphériques, exercent une influence délétère non-seulement sur nos variétés de poires affaiblies par l'âge, sur la plupart de nos cerisiers, mais encore sur nos pommes de terre et sur beaucoup d'autres végétaux. Quant à ces influences, que nous avons vues naître, nous voudrions croire qu'avec le temps elles pourront disparaître, soit en perdant petit à petit de leur intensité, soit en prenant fin spontanément comme elles ont commencé. Par ce motif donc nous ne proscririons pas nos bonnes et anciennes variétés, nous en planterions encore des sujets, mais en moindre nombre cependant qu'avant l'invasion de la maladie qui les frappe.

La plupart des catalogues des pépiniéristes renferment maintenant des annotations sur la fécondité des variétés; mais le planteur prudent ne devra pas se contenter de leurs indications pour se diriger dans ses plantations; il devra chercher à s'assurer, soit par l'expérience qu'il aura pu en faire personnellement, soit par celle de ses voisins, de la fécondité réelle des variétés qu'on lui propose et de la qualité des fruits. Nous disons de la quantité de leurs fruits,

car il est des variétés qui, très-bonnes dans une contrée, ne sont que médiocres dans d'autres. En outre, les variétés recommandées par les pépiniéristes tiendront plus ou moins, sous le climat nouveau et les influences atmosphériques du pays où on les plante, les promesses fondées le plus souvent sur les observations faites sous le climat qu'ils habitent. On sera donc plus sûrement guidé par ses propres observations et par celles faites dans le voisinage. Il serait cependant bien à désirer qu'il se trouvât, dans toute pépinière de quelque étendue, une école fruitière destinée à l'étude de chacune des variétés qu'on y propage, de manière à fournir des greffes dont l'espèce pourrait ainsi être connue; le pépiniériste ferait sur la fécondité de ces variétés des observations qui pourraient servir de guide pour les plantations qu'on voudrait établir dans le même climat ou dans un climat analogue.

Ces précautions restreindraient, il est vrai, le nombre des variétés. Nous n'ignorons pas qu'il y a pour l'arboriculteur une véritable satisfaction à en étudier un grand nombre; mais nous sommes persuadé que la plupart de ceux pour qui cette étude a de l'attrait n'hésiteront pas, quand l'observation leur aura appris à reconnaître que telle espèce donne à peu près à coup sûr d'abondants et bons produits, tandis que telle autre n'en donne que de médiocres en petit nombre, à réserver celles-ci pour l'école et à recourir aux autres quand ils auront à faire des plantations. Il allierait ainsi à la satisfaction de ses goûts, non-seulement son avantage et son profit, pécuniairement parlant, mais encore il ménagerait à ses successeurs des jouissances que sauront apprécier les amateurs de bons fruits. D'ailleurs le nombre des variétés actuellement connues est si considérable qu'il n'est pas bien difficile de faire, entre les meilleures, un choix qui permette d'avoir des fruits dans toutes les saisons.

5. Nous avons dit que l'influence du climat était pour

beaucoup dans la fécondité des arbres ; nous en donnerons pour exemples le Beurré d'Hardempont , appelé aussi par erreur Beurré d'Aremberg, qui, noté comme fécond par Jamain, sous le climat de Paris, est donné au contraire comme peu fertile dans le catalogue de M. de Bavai, qui habite Bruxelles. Dans notre climat, il produit beaucoup de fleurs ; mais on voit, dans certaines années, ses fruits, arrivés à la grosseur d'une noisette, noircir et tomber presque tous sous une influence que nous croyons devoir attribuer à une température trop chaude. La poire Fortunée, très-féconde à Bruxelles, produit également assez peu dans notre pays, bien que, comme le Beurré d'Hardempont, elle y fleurisse abondamment.

En 1814, époque où l'on commençait à connaître les variétés obtenues par M. Van Mons, nous avons pris quelques-unes de ces variétés à la pépinière des Chartreux, chez M. Hervy ; deux d'entre elles portaient le nom de Beurré d'Hardempont : l'une était celle qu'on a désignée plus tard sous le nom de Beurré d'Aremberg ; l'autre, d'une maturation plus hâtive, est généralement très-féconde. Nous en possédons un individu, entre autres, qui se trouve adossé à un massif d'épicéas et de pins du Nord ; là, abandonné à lui-même depuis trente ans, il a pris la forme pyramidale ; doué d'autant de vigueur qu'un sauvageon des bois, il s'est élevé à une hauteur de 10 à 12 mètres ; ses branches, courbées sous le poids de leurs feuilles, retombent jusque sur le gazon qui l'entoure ; son feuillage, d'un vert vif, se défend très-bien contre les brouillards et les intempéries qui frappent celui de la plupart des poiriers ; enfin il figure bien au bord d'un massif, qu'il orne de ses fleurs au printemps et de ses fruits nombreux à l'automne. C'est donc là une variété rustique et féconde qui conviendrait éminemment dans toute position, circonstance rare pour les fruits de bonne qualité, qui ne se font guère remarquer par leur vigueur.

Toutefois, nous devons le dire, ses boutons à fruits craignent beaucoup les gelées d'hiver, qui, quand elles sont intenses, le rendent stérile pendant deux ans. A part cette circonstance il se charge de fruits nombreux, de très-bonne qualité, qui ne craignent pas les intempéries du printemps, et dont on peut manger pendant plus d'un mois, en octobre et novembre; mais pour produire il ne veut point être taillé.

Le nom de Beurré d'Hardempont d'hiver, sous lequel cette variété nous a été donnée, il y a trente-cinq ans, par M. Hervy, peu de temps après qu'il l'eut reçue lui-même de Van Mons, n'existe plus dans les catalogues; nous avons cherché vainement son fruit dans les expositions, sans pouvoir l'y trouver; cependant un très-habile pomologue, M. Mas, notre collègue, pense l'avoir reconnu dans le fruit que la plupart des pépiniéristes désignent sous le nom d'Urbaniste ou Beurré Picqueri. Nous nous soumettrions volontiers à son avis, car il est difficile de mieux juger la physionomie, le port des arbres et la forme des fruits, que cet habile arboriculteur; cependant nous avons, sous le nom de Beurré Piqueri, un tout autre fruit, d'une maturité un peu plus tardive, de qualité encore préférable, mais d'une beaucoup moindre fécondité. Dieu veuille que ceux qui se livrent à l'étude de la synonymie des fruits nous tirent efficacement de cette tour de Babel, de cette confusion des langues, véritable plaie de l'arboriculture fruitière.

Si on fait prévaloir pour ce fruit le nom de Beurré Picqueri, nous dirons qu'il est à regretter qu'on lui ait ôté celui d'Hardempont, qui rappelle le nom de celui qui l'a obtenu, et que, dans tous les cas, la poire Picqueri, celle du moins que nous possédons sous ce nom, s'en distingue essentiellement.

Parmi d'autres variétés, en grand nombre, que nous avons reçues de Van Mons lui-même, en 1819, il en est une

que ni nous, ni d'autres amateurs exercés n'ont pu re-
trouver, ni dans les expositions, ni dans les catalogues.
Cette variété est très-féconde ; elle brave les hivers les plus
rudes et les intempéries de toute espèce ; dans sa petite
stature, elle rivalise par sa fécondité avec un Beurré d'Angleterre, son voisin, d'une grande dimension, que nous ne
nous rappelons pas avoir vu manquer. Son fruit est d'excellente qualité ; il vient plus tard que le précédent, a la forme
et la grosseur du Saint-Germain, lui est tout à fait comparable pour la bonté, jaunit sur l'arbre avant d'avoir même
toute sa grosseur, mûrit enfin quinze jours après avoir été
cueilli, et se conserve en bon état pendant le cours de novembre. Nous avons oublié son nom, qui nous a été donné
dans le temps. Cet arbre, au milieu de Saints-Germains, de
Beurrés gris et blancs, de Bézy-Chaumontel, de Sucrés
verts ne produisant que des fruits rares, tachés et gercés,
se charge tellement de fruits que nous nous sommes vu
obligé de lui retrancher des branches fruitières, et que
chaque année nous croyons devoir lui enlever encore une
partie de ses produits. Cette variété, comme la précédente,
conviendrait beaucoup, à ce qu'il semble, à notre pays, et
nous pensons même que, comme le Beurré d'Angleterre,
elle serait féconde partout ailleurs.

Parmi les fruits obtenus par Van Mons, il en est un second
qui s'est répandu dans nos contrées sous le nom de Beurré
de Saint-Amour, à cause de la provenance des greffes qui
ont servi à le propager, et qui étaient fournies par l'un de
nos frères qui habite Saint-Amour. En cherchant à lui trouver son véritable nom, on a cru pouvoir l'appeler Fondante
des bois ; cependant la Fondante des bois est un fruit nouveau, obtenu, à ce qu'il semble, depuis peu à Heuze, d'après
M. Du Breuil, et nous avons reçu le nôtre il y a plus de
trente ans. Nous serions donc disposé à penser que ce fruit,
comme les deux qui précèdent, aurait été perdu dans la col-

lection de Van Mons, lors de la double transplantation qu'il a été obligé de faire de ses arbres de Bruxelles à Malines, puis à Louvain, circonstances dans lesquelles il accuse en avoir perdu plus de quatre cents variétés. Il comptait alors six à sept cents variétés nouvelles de poires de bonne qualité presque toutes trouvées par lui, et dont il n'avait le plus souvent qu'un seul exemplaire.

Enfin il est un quatrième fruit que nous ne retrouvons pas, non plus que les précédents, dans les catalogues, ni dans les expositions : c'est une poire longue, bien faite, d'excellente qualité et mûrissant en novembre.

On a prétendu que Van Mons s'était attribué les découvertes d'autrui ; mais il a noté dans son catalogue toutes celles qui ne lui étaient pas dues, et il n'y a pas lieu de s'étonner qu'il en ait découvert personnellement un grand nombre, puisqu'il a fait depuis plus de cinquante ans des semis nombreux dans lesquels il choisissait, pour les suivre, tous les sujets qui donnaient de l'espérance. Il ne se contentait pas même de ses propres semis ; il prenait chez les pépiniéristes ses voisins, sur les sujets de semis destinés à être greffés, des bourgeons dont lui-même faisait des greffes. Dans sa passion de nouveautés et de découvertes, il lui est arrivé, ainsi qu'il s'en accuse lui-même, de voler des sujets dont l'aspect faisait espérer de bons résultats. A Louvain, un an à peine avant sa mort, nous avons encore vu l'une de ses deux pépinières remplies de sujets qu'il réservait pour ses observations ; il nous en a envoyé, en 1822, un assez grand nombre ; plus tard il en a adressé à la Société d'Agriculture de la Seine ; mais, dans les différentes transplantations qu'il a dû faire, une grande quantité de fruits dont il n'avait qu'un seul exemplaire, comme nous l'avons dit, ont été perdus. Dans son ouvrage, il parle, entre autres, d'une très-bonne poire mûrissant au mois de juin, dont la perte semble lui laisser beaucoup de regrets. Nous pensons donc qu'on doit lui attribuer l'honneur d'avoir provoqué le goût des semis pour la recherche des bons fruits, et qu'à tort on voudrait lui disputer la découverte de ceux qu'il s'attribue. Il ne serait d'ailleurs point étonnant que, dans une si grande quantité de variétés, un certain nombre de bonnes, d'excellentes même, ait pu être négligé et ait fini par se perdre.

Dans le principe, à peine voulait-on croire à ses nombreuses découvertes, et on s'empressait peu de les propager. M. Hervy n'en avait fait venir qu'une petite partie parmi celles qu'on lui avait indiquées, et il les a peu multipliées, parce qu'on ne les lui demandait pas. On conçoit que, dans ces circonstances, beaucoup de beaux fruits ont pu et dû se perdre, et nous aurions recueilli trois de ces fruits perdus.

6. On remarque souvent dans les plantations que des arbres de même espèce, plantés en même temps, dans le même sol et à la même exposition, sont plus féconds les uns que les autres. On attribue cette différence au sujet, qui peut bien avoir quelque influence ; mais cette inégalité de produits se remarque souvent sur des arbres tous greffés sur cognassier, et ici l'identité des sujets ne se prête plus à cette explication. Nous pensons que cette anomalie provient plus spécialement de l'état de l'arbre ou de la branche sur laquelle on a pris le bourgeon destiné à servir de greffe. Ce fait, moins remarqué pour les arbres à fruits, est tout à fait hors de doute pour la vigne, dont les boutures doivent être prises sur les branches fructifères, sous peine de voir ces boutures, arrivées à l'état de ceps, être beaucoup moins fécondes que celles qui ont été faites dans la condition que nous venons d'indiquer. On recommande même, pour les boutures de la vigne, de leur laisser un talon du bois de l'année précédente. Avec cette précaution, nous en avons vu quelques-unes porter des fruits dès l'année même de leur plantation. Nous pensons que des soins analogues devraient être apportés dans le choix des greffes des arbres à fruits ;

que non-seulement on doit les prendre sur des espèces re-
connues pour fécondes dans le pays, mais même sur des
arbres encore jeunes, en bon état et donnant de beaux produits ; qu'elles doivent de plus être choisies sur des branches
saines, arrivées elles-mêmes à produire des fruits ; qu'on
doit éviter de les cueillir sur des branches à bois adventices
vigoureuses, dont les boutons sont éloignés, et s'élevant
verticalement, comme il en pousse souvent sur les arbres.
Ces branches, qui ont le caractère de branches gourman-
des, conservent plus ou moins leurs dispositions naturelles
sur les sujets auxquels on les allie.

On se rendra raison assez naturellement de cet effet en
remarquant que l'arbre greffé, ou celui qui provient de
bouture, n'est autre chose que le prolongement du bouton
ou du bourgeon greffé, et par conséquent de la branche elle-
même qui a fourni la greffe, et qu'il doit naturellement
conserver la tendance spéciale de sa branche-mère.

7. On pourrait reprocher aux pomologues actuels de s'occuper trop exclusivement des poiriers dans leurs semis de
recherches. Le pommier cependant, entre autres espèces,
mériterait bien quelque intérêt ; il n'est point, en général,
aussi sensible aux intempéries que nos anciens poiriers,
mais cependant ses meilleures variétés vieillissent également. La Calville blanche voit ses jeunes arbres attaqués par
des chancres nombreux et ne peut atteindre les dimensions
qu'on voit prendre aux arbres anciennement plantés ; ses
fruits, moins abondants, se tachent souvent. L'arbre de la
petite Reinette franche se couvre de chancres et de nodo-
sités, et le fruit reste petit et taché. La plupart des Apis en
plein vent sont dévorés par des chancres. Sans doute le hasard a fait surgir de nouvelles et bonnes variétés de pommes, mais elles ne remplacent pas celles que nous venons
de nommer. Espérons que la voie dans laquelle est entrée
Van Mons, que nous suivons nous même depuis quarante

ans, et dans laquelle nous poussons de toutes nos forces
ceux qui nous entourent, sera suivie pour les pommiers
comme pour d'autres variétés de fruits. De bons résultats
ne seront probablement pas difficiles à obtenir; nous avons
trouvé, pour notre compte, en 1810, un Api de semis qui,
devant un massif d'arbres forestiers, se charge tous les ans
de fruits de longue garde; il a sur la variété dont il est issu
l'avantage de produire tous les ans, mais il lui manque le
coloris et la finesse de goût de la variété-mère; cependant
nous pensons que sa rusticité, sa fécondité et la longueur
du temps pendant lequel on peut le garder doivent le faire
propager.

Mais si les recherches de Van Mons ont produit peu de
pommes d'excellente qualité, il n'en est pas de même de
celles des Allemands, qui en comptent dans leurs pépinières
jusqu'à 1400 variétés. Il y aurait donc à faire parmi elles
un choix qui enrichirait beaucoup notre culture fruitière.
M. Buget, arboriculteur distingué, sur les travaux duquel
nous reviendrons plus tard, a fait venir des greffes de 150
des meilleures variétés, dont un grand nombre sans doute
pourront convenir à notre climat.

Ainsi donc, pour rentrer plus au fond de notre sujet,
nous dirons que, quand on veut faire une plantation dont
on désire obtenir beaucoup de fruits, on doit s'aider
de toutes les considérations que nous venons d'émettre.
On veut posséder un grand nombre de variétés; cependant
on veut planter et jouir sans attendre. On s'en rapporte au
pépiniériste, et on fait sa plantation avec des fruits variés,
mais sans s'être donné la peine que demande un bon choix.
Le plus souvent encore on trouve les plantations toutes faites, et il n'est plus alors possible de choisir; cependant,
dans ces plantations nouvelles, faites sans discernement,
ainsi que dans les anciennes, une foule de variétés et d'individus restent stériles; néanmoins on veut en obtenir du

7

fruit, on veut qu'ils paient la place qu'on leur a accordée et qu'ils occupent au soleil et dans le sol. La question à résoudre alors est de vaincre l'espèce de résistance qu'ils semblent opposer à la fructification : c'est le but qu'on s'est proposé d'atteindre par les procédés nombreux que nous analyserons ; mais nous ne pensons pas que leur emploi puisse jamais amener des résultats comparables à ceux que donne la fécondité naturelle ; ils ne pourront pas mettre les arbres à l'abri des gelées, des brouillards, des influences atmosphériques ; tout ce qu'on peut exiger d'eux, c'est qu'ils parviennent à faire naître sur l'arbre des boutons fructifères, et par conséquent des promesses, sinon des assurances de fruit.

On a imaginé un grand nombre de moyens pour forcer les arbres stériles, ou du moins rebelles, à donner du fruit ; nous ne craindrons pas, en les décrivant, d'entrer dans des développements étendus, parce que les résultats des divers traitements qu'on fait subir aux arbres nous fournissent la matière d'observations importantes sur la théorie de la fructification, et même sur la végétation et la marche de la séve, observations qu'il nous a semblé utile de recueillir, parce que la plupart n'ont point encore été consignées dans d'autres publications.

## CHAPITRE II.

### Incision annulaire ; son influence sur la fructification ; phénomènes qu'elle produit.

1. L'enlèvement d'un étroit anneau d'écorce sur un arbre produit des résultats fort remarquables, et modifie son état présent et à venir ; il donne en outre naissance à des phénomènes qui mettent sur la voie de la marche de la végétation, conduisent à distinguer deux séves, celle qui pro-

vient des racines et celle qu'élaborent les feuilles, et jettent de la lumière sur leurs fonctions réciproques.

L'incision annulaire (c'est le nom qu'on a donné à l'enlèvement d'un petit anneau d'écorce) suspend presque immédiatement l'allongement des bourgeons dans la partie de l'arbre qui lui est supérieure, et la hâte, au contraire, dans la partie inférieure. La partie supérieure grossit ensuite d'une manière remarquable ; la partie inférieure, au contraire, cesse de grossir ; mais, par compensation, ses bourgeons, dont la vigueur s'accroît remarquablement, s'allongent dans une proportion inusitée. Cette incision fait en outre développer au-dessous d'elle un grand nombre de bourgeons vigoureux, qui offrent un moyen assuré de remplir les vides. Enfin, lorsqu'on l'applique à un arbre fruitier, elle fait naître dans la partie qui lui est supérieure des boutons fructifères nombreux, empêche la coulure, hâte la maturité et accroît la grosseur des fruits.

Toutefois cette opération ne doit guère s'appliquer qu'à des branches ou à des sujets jeunes et vigoureux, parce qu'il y a danger de mort pour l'arbre ou pour la branche si la plaie qu'on lui a faite ne se referme pas dans l'année par la jonction du bourrelet ligneux que l'expansion de la séve forme sur ses deux lèvres, et particulièrement sur la lèvre supérieure ; mais aussitôt que les bourrelets, en se rejoignant, rouvrent des canaux à la séve, la vigueur reparaît dans la partie supérieure, dont les bourgeons recommencent à s'allonger, plus faiblement cependant qu'avant l'incision. Cette opération d'ailleurs ne produit pas le même effet sur tous les végétaux ; sur la plupart des arbres fruitiers, lorsque les lèvres de l'incision ne se sont pas rejointes dans l'année, la partie supérieure périt l'année suivante ; il en est de même pour l'acacia ; mais, dans l'orme, cette partie survit pendant deux ans, chez le marronnier et le saule pendant trois ou quatre années. On cite même, dans une des allées du grand parterre de Fontainebleau, un tilleul dont la tige, décortiquée par un accident, depuis 1810, sur une hauteur de 0<sup>m</sup>,30 à 0<sup>m</sup>,60, continue de végéter, et a encore poussé dans l'année 1849 des bourgeons de 0<sup>m</sup>,40 à 0<sup>m</sup>,60.

2. L'incision peut être faite dès le mois d'avril, aussitôt que l'arbre a développé des feuilles et que l'écorce se détache facilement de l'aubier; on peut aussi la différer jusque vers la fin de mai et le commencement de juin, lorsqu'on veut non-seulement obtenir du fruit pour les années suivantes, mais encore assurer les produits de l'année pendant laquelle on opère.

Pour empêcher la coulure et obtenir le grossissement des fruits, on doit inciser peu de temps avant, pendant ou après la floraison. En Allemagne, on incise la vigne à l'époque de la floraison, et après la floraison les arbres dont on veut conduire le fruit à bonne fin. Il faut d'ailleurs que l'incision soit toujours faite d'assez bonne heure, parce que le travail de la formation des bourrelets ne dure guère moins de deux à trois mois, et que, si le mouvement de la séve s'arrête sans que les deux bourrelets se soient rejoints, la partie supérieure à l'incision est exposée à périr l'année suivante.

L'incision annulaire est une opération très-anciennement connue : Virgile déjà la mentionnait; renouvelée par un jardinier vigneron nommé Lambry, il y a près de cinquante ans, elle a été l'objet d'un assez grand nombre d'expériences qui ont confirmé tous les effets que nous venons de rapporter. M. Vilmorin a répété dix années de suite l'opération sur une vigne, et il en a constamment recueilli des raisins plus nombreux, plus gros et plus précoces d'une quinzaine de jours que lorsque cette même vigne était abandonnée à elle-même; cependant il est prudent d'inciser la vigne sur le bois qui doit être retranché l'année suivante.

La largeur de l'incision doit varier suivant l'âge et la vigueur du sujet; sur la tige de l'arbre, il faut la faire relative-

ment plus étroite que sur les branches ou sur le nouveau bois.
M. Chopin , qui en fait un grand emploi dans la conduite
de ses arbres, conseille de lui donner 0$^m$,005 de largeur sur
les branches de 0$^m$,10 de tour ou de 0$^m$,03 de diamètre,
0$^m$,007 sur celles de 0$^m$,16 de tour ou 0$^m$,05 de diamètre, et
0,10 sur celles de 0$^m$,25 et plus. Si on se décide à la pratiquer
sur des arbres faibles ou déjà vieux , il devient nécessaire
de restreindre cette largeur, qu'il n'est pas moins essentiel,
d'ailleurs, de proportionner à l'époque de la saison où on
fait l'incision; ainsi on la fait un peu plus large au printemps, lorsqu'on veut obtenir au-dessous d'elle de nouveaux
bourgeons, et plus étroite, parce qu'elle est plus tardive,
lorsqu'on la fait dans la vue d'assurer la réussite de fruits
déjà formés.

L'auteur allemand Rubens, traduit et commenté par
Mall [1], conseille de lui donner en moyenne 1 millimètre de
hauteur par centimètre de diamètre, c'est-à-dire 1/10e du
diamètre, mais en la diminuant cependant à mesure que le
diamètre augmente, et en l'augmentant au contraire à mesure que celui-ci diminue. Ainsi, tout en conseillant de la
faire de 5 millimètres pour un diamètre de 5 centimètres,
il la fait de 3 et 4 millimètres pour celui de 2 à 3 centimètres; au-dessus de 5 centimètres, il n'augmente son incision
que de 1 à 2 millimètres chaque fois que le diamètre augmente de 3 centimètres; et, quelle que soit la grosseur des
branches ou des arbres, il ne la fait pas dépasser 15 à 20
millimètres.

Nous croyons devoir attacher de l'importance aux rensei-
gnements que nous fournit cet auteur, qui est professeur
d'arboriculture et directeur de la Société d'Economie ru-
rale de la Prusse rhénane. Son ouvrage est regardé comme

[1] *Traité de la Maladie des Arbres fruitiers*, trad. de l'allemand par
Mall. In-12, à la *Librairie agricole*. 4 fr. 25 c.

un bon résumé de la pratique alllemande, et son traducteur, arboriculteur distingué, y a fondu les résultats de sa propre expérience ; nous reproduirons donc volontiers ses conseils, toutes les fois surtout qu'ils offriront quelques points d'analogie avec ce que la pratique a enseigné aux horticulteurs français.

Nous devons ajouter à ce que nous venons de dire sur les proportions à donner à l'incision que l'abondance ou la rareté des feuilles et la vigueur ou la faiblesse du sujet dans sa partie supérieure, qui annoncent un grand ou un faible afflux de séve descendante, doivent servir à modifier les dimensions que nous venons d'indiquer pour la largeur de l'incision, qu'il vaut toujours mieux diminuer qu'agrandir, parce qu'il n'y a point de danger à la faire étroite, tandis qu'il y en a beaucoup à lui donner trop de largeur.

3. Les Anglais ont fait d'assez nombreuses expériences sur l'incision annulaire ; ils l'emploient pour faire pousser des racines à leurs marcottes, et ces racines sortent des lèvres supérieures de la branche marcottée ; elle conduit plus rapidement au but que la courbure et l'entaille à mi-bois qu'on pratique d'ordinaire.

Lindley, dans son excellent ouvrage sur les principes de botanique appliqués à l'horticulture, cite deux expériences remarquables dont on peut tirer d'intéressantes inductions ; il rapporte qu'en faisant deux entailles horizontales profondes sur deux côtés opposés d'un arbre, à quelque distance verticale l'une de l'autre, et en enlevant dans chacune l'écorce et le bois sur plus de moitié du diamètre, l'arbre néanmoins continue de vivre, quoique l'ensemble des deux incisions, faites à quelque distance, il est vrai, l'une de l'autre, ait formé une solution de continuité complète entre toute l'écorce, toutes les fibres ligneuses, toute la substance enfin de la tige de l'arbre, et par conséquent entre tous les canaux directs de la séve. Cette séve, à laquelle

on a ôté plus de moitié de son chemin direct par la première incision, se reporte, par une marche oblique, vers
la partie non entamée qui la sépare de l'autre ; mais, lorsqu'elle a parcouru cette portion de l'arbre, elle y trouve de
nouveau le chemin direct qui lui reste intercepté par l'incision supérieure ; elle se reploie alors vers la partie de l'é-
corce et de l'arbre que n'a pas entamée la deuxième incision, pour reprendre la direction verticale dans la portion
de l'arbre placée au-dessus de l'incision supérieure, et se
reporter dans toute sa circonférence et ses branches. On
pourrait, ce nous semble, inférer de cette expérience que
la séve, alors qu'on intercepte sa marche directe, a la faculté de se porter par une marche oblique vers les passages
qui lui restent ouverts dans une autre direction, et que, par
conséquent, si elle marche, comme on l'admet généralе-
ment, dans des canaux verticaux parallèles aux fibres du
bois, ces canaux communiquent néanmoins entre eux dans
une direction oblique ou même horizontale. Ce moyen de
communication aurait lieu, suivant toute vraisemblance,
par les rayons médullaires qui aboutissent du centre de
l'arbre à sa circonférence.

Niven a encore observé qu'en enlevant par une incision
annulaire, outre l'écorce, douze couches annuelles de l'aubier d'un arbre, la séve ascendante a néanmoins continué
de monter par le bois intérieur ; il s'en est assuré en incisant
une partie des fibres intérieures restantes, qui ont fourni un
écoulement de séve pendant tout l'été. Cette conséquence
d'ailleurs résultait évidemment de la persistance, pendant
la saison, de la végétation et de la vie de l'arbre, qui n'ont
pu continuer d'avoir lieu que parce que la séve a continué
elle-même d'alimenter les parties supérieures.

Ce fait serait encore surabondamment prouvé par le tilleul de Fontainebleau dont nous avons parlé précédemment ; ses couches d'aubier et une partie des couches inté-

rieures sont tellement pourries qu'il se soutient à peine
contre les vents et qu'une épingle s'y enfonce sans effort ;
il vit donc depuis quarante ans par la séve que lui portent
les couches intérieures du bois qui ont échappé à la destruction.

Knight, en admettant aussi que l'incision annulaire fait
non-seulement naître des fruits pour l'année suivante, mais
encore accroît dans l'année même leur volume et accélère
leur maturité, a remarqué que, pratiquée sur de très-jeunes
ou de très-petites branches, elle les affaiblit, les rend lan-
guissantes, et fait même perdre aux fruits une partie de leur
saveur. Il pense que la maturité précoce des fruits provient
de ce qu'il leur arrive moins de séve ascendante, circonstance qui produit sur eux l'effet ordinaire de la sécheresse,
qui hâte aussi leur maturation. Il résulte encore des expériences que la partie du bois de l'arbre qui est placée au-
dessus de l'incision acquiert une pesanteur spécifique plus
considérable, et que cette augmentation, de 1/40 dans le
chêne, s'élève jusqu'à 1/4 dans le sapin.

Lindley, de son côté, s'est assuré qu'il résultait de l'incision annulaire des fleurs plus nombreuses, des fruits plus
beaux, plus colorés, et dont la grosseur atteint quelquefois
le double du volume ordinaire. Il a réussi par ce même
moyen à mettre à fleur des camellias rebelles ; mais, en dernière analyse, Lindley conseille d'en user avec mesure.

4. A l'aide d'incisions que nous avons pratiquées, au
printemps de 1848, sur plusieurs poiriers sauvageons de semis, pour les amener plus promptement à fruit, nous avons
pu nous assurer de la quotité relative du grossissement dû
à la séve descendante. Les incisions avaient été faites à la
fin d'avril, et le bourrelet avait rejoint les deux écorces à la
mi-juillet. En mesurant à cette époque les arbres au-dessus
et au-dessous de l'incision, nous avons eu les résultats sui-
vants :

|            | Au-dessous de l'incision. | Au-dessus de l'incision. |
|------------|-----------------|-----------------|
| Nos 1 .......... | 125 millim. | 145 millim. |
| 2 .......... | 60 | 70 |
| 3 .......... | 80 | 85 |
| 4 .......... | 120 | 129 |
| 5 .......... | 72 | 82 |
| TOTAL... | 457 | 511 |

Le grossissement a donc été, au-dessus de l'incision, plus fort de 54 millimètres. En prenant une moyenne sur ces grossissements, chacun de ces arbres aurait grossi de 11 millimètres de plus au-dessus qu'au-dessous de l'incision, grossissement qui, en considérant les parties supérieures de l'arbre, avant et après l'incision, comme deux solides semblables, aurait amené, en moins de trois mois, un accroissement de volume de 39 p. 100, résultat cependant qui n'a pu se produire qu'en raison du faible diamètre des arbres. En 1849 le grossissement aurait été moindre et se serait borné en moyenne à 10 millimètres par arbre, ce qui fait néanmoins encore un accroissement de volume de 34 p. 100.

Nous avons remarqué sur ces arbres, au mois d'août, que l'allongement des bourgeons a presque entièrement cessé dans la partie supérieure à l'incision, tandis que dans la partie inférieure, au contraire, ils se sont fortement allongés, et il s'en est développé avec vigueur quelques-uns à peu de distance au-dessous de l'incision. En outre, au-dessus, les rosettes de fruits se sont multipliées, particulièrement sur les branches courbées, leurs boutons ont grossi, et l'un de ces arbres a formé des boutons à fruits, quoiqu'il ne parût pas devoir en être ainsi au commencement de l'année.

7.

En examinant au mois de novembre ces sujets incisés, nous avons remarqué que les incisions faites au bas de l'arbre, au-dessous de toutes les branches, sont loin de produire un effet comparable à celui qui résulte d'incisions faites sur la tige, au-dessous du point dont le développement ne remonte qu'aux deux ou trois dernières années ; la différence de grossissement entre les parties supérieures et inférieures à l'incision est beaucoup plus considérable dans ce dernier cas ; en outre, la partie située au-dessus de l'incision a pris une couleur, un port, qui la font différer beaucoup de la partie placée au-dessous ; la peau y est plus luisante, les taches plus marquées ; on y trouve en quelque sorte l'allure d'un arbre fruitier en rapport, pendant que la partie au-dessous a conservé dans sa tige, dans ses branches et sa couleur, tout l'aspect d'un sauvageon.

Sur celui des arbres incisés qui, dès la fin de juin, faisait espérer des fruits, les boutons des rosettes se sont arrondis vers la fin de la saison ; les branches courbées pendant les deux dernières années se sont, au printemps suivant, couvertes de fleurs, ainsi que la partie de la tige dont l'existence datait de l'année précédente. Il est remarquable encore que les bourgeons qui ont poussé au-dessus des incisions, au lieu de prendre les caractères de branches de sauvageons, ont pris ceux de branches d'arbres adultes et à fruits.

Sur un autre sujet plus jeune d'une année, dont les bourrelets ont tardé de se rejoindre, la partie immédiatement au-dessus de l'incision a pris et conservé un gonflement beaucoup plus fort que sur les autres sujets ; on voit que la séve, qui n'a pu descendre que tardivement aux racines, s'est accumulée en masse dans cette partie. Après que les bourrelets se sont rejoints, la végétation n'a pas été assez longue pour affaiblir sensiblement la différence de grosseur qui s'était manifestée entre les parties situées au-dessus et au -dessous de l'incision, tandis que sur les autres cette différence s'est en partie nivelée ; il semble même qu'elle s'est plutôt accrue sur cet arbre ; car, en novembre, la portion de la tige immédiatement supérieure à l'incision avait en volume une moitié en sus du diamètre de la partie placée au-dessous.

En 1849 nous avons renouvelé les incisions ; sur l'une d'elles, pratiquée à la fin d'avril, comme l'arbre n'était pas encore bien en séve, que les feuilles n'étaient pas suffisamment développées, et que par conséquent la séve qu'elles fournissent n'était point assez abondante pour permettre à l'écorce de se détacher facilement de l'aubier, il était resté sur une petite partie quelques filets à peine perceptibles du liber ; la séve descendante s'en est emparée, a promptement régénéré en ce point l'écorce dans toute son épaisseur, et a rétabli en peu de temps la communication entre les deux portions de l'arbre. Toutefois le bourrelet supérieur a continué de s'allonger en descendant pour rejoindre, avant la fin de juillet, la lèvre inférieure ; mais il a offert un phénomène bien remarquable : du côté du nord, avant d'atteindre le bourrelet inférieur, il a donné naissance à une foule de petits jets radicellaires de couleur blanche, qui ont pris une direction verticale descendante : d'où nous avons dû conclure, comme nous l'induirons plus tard d'autres faits, que c'est la séve des feuilles qui produit les racines, et qu'elle les produit dans une direction verticale descendante. Le même phénomène ne s'est pas rencontré dans les autres incisions, mais l'arbre sur lequel il a eu lieu était beaucoup plus vigoureux que les autres.

On remarque encore que le bourrelet supérieur recouvre presque entièrement l'épaisseur de l'écorce, qu'il en semble en quelque sorte le prolongement, tandis que celui de la lèvre inférieure se développe sensiblement au-dessous : d'où il résulterait que la séve qui produit le bourrelet supérieur transsuderait du liber de l'écorce, pendant que celle qui est destinée à former l'inférieur transsuderait de l'aubier, et que, par conséquent, la marche de la séve descendante se ferait par les couches du liber, comme celle de la séve ascendante par l'aubier.

L'un des soins essentiels à prendre en pratiquant l'incision annulaire doit être d'en proportionner la largeur au diamètre ou à la vigueur du sujet soumis à l'opération. Sur quelques-uns de nos sujets, les incisions, faites un peu trop larges, ne se sont pas rejointes dans le cours de la saison. En coupant au mois de novembre la tige d'un sujet au-dessus et au-dessous d'une incision dont les lèvres ne s'étaient pas rejointes, la couche annuelle de l'année, d'une épaisseur remarquable au-dessus d'elle, cesse de s'apercevoir au-dessous, en sorte qu'on compte au-dessous de l'incision une couche annuelle de moins qu'au-dessus. Il en résulterait donc d'une manière précise que la couche annuelle serait due tout entière à l'action de la séve descendante. Nous avons en outre remarqué que, sur la partie du sujet que l'enlèvement de l'écorce a laissée à nu, la couche annuelle de l'année précédente est entièrement atrophiée, et on ne retrouve la partie vive, blanche, verdâtre, du ligneux vivant, que dans la couche de l'avant-dernière année. Nous en concluons donc que cette couche annuelle était le principal canal de la séve ascendante, puisque, quand elle vient à s'atrophier, cette séve cesse presque entièrement de se manifester au-dessus de l'incision.

D'ailleurs nous pensons qu'à l'aide des bourgeons nouveaux qui se sont développés au-dessous de l'incision on peut arriver à rétablir la communication entre les deux parties de l'arbre dont les écorces ne se sont pas rejointes ; nous avons pour cela greffé ces bourgeons par approche, au mois de novembre, au-dessus de l'incision. Cette greffe par approche, attendu l'absence de la séve, se pratique en enle-

vant, à la place où on veut l'établir, une portion d'écorce
jusqu'à l'aubier; le bourgeon, incisé plus profondément sur
une même longueur, est appliqué sur la partie découverte;
on couvre la plaie avec de la cire à greffer, on lie fortement,
et on peut espérer qu'au printemps suivant la communication se rétablira.

5. D'autres faits en grand nombre concourent, avec les
résultats de l'incision annulaire, à prouver que la séve ascendante monte par l'aubier et n'a pas besoin de l'intermédiaire de l'écorce. M. Juge de Saint-Martin, dont nous avons
répété l'expérience, a fait reprendre des greffes en écusson
en les isolant de tout contact avec l'écorce du sujet; la séve
ascendante, qui détermine la reprise et le développement
de la greffe, vient donc du bois et des parties de l'aubier
sur lesquelles l'écusson est appliqué.

Il est encore à remarquer que la portion de bois qu'on
lève avec un écusson renferme la fibre vitale et en quelque
sorte les racines de l'œil, dont une partie reste encore dans
le bois du bourgeon qui a fourni la greffe. Dans la reprise
de l'écusson, l'organe vital, celui qui reçoit et transmet plus
spécialement la vie, serait donc ce petit point vert, le *cor-
culum*, qui correspond au centre de l'œil. Ce point avait en
quelque sorte sa racine dans le bois du bourgeon auquel il
appartenait; on l'a séparé de cette racine; mais, en l'appliquant sur le bois du sujet, il y projette en quelque sorte une
racine nouvelle. On peut s'assurer du fait en enlevant un écusson dont la reprise est manifeste; cela se voit mieux encore
lorsqu'un coup de vent a détaché un écusson déjà poussé;
cependant nous pensons que la reprise est due aussi à la
partie d'aubier qui accompagne la greffe.

L'opinion s'était établie, en horticulture, que c'était par
l'écorce que se faisait la reprise de l'écusson; aussi enlevait-
on avec soin le bois qui s'y trouvait; depuis, on a vu qu'il
n'était point un obstacle à la reprise, et on s'est en consé-

quence dispensé de l'enlever; nous pensons même qu'il la facilite : il continue lui-même de vivre, devient un point d'attache sur le sujet, sert à consolider la greffe, et donne au bourgeon qui se développe un plus solide empâtement. On a par ce moyen facilité la greffe en écusson et trouvé le précieux avantage de pouvoir greffer avec des bourgeons peu en séve, dont on n'aurait pu lever d'écusson sans détacher un peu de bois; mais il est nécessaire que cet écusson soit assez fortement ligaturé, pour que sa surface intérieure plane s'applique exactement sur la surface convexe du sujet.

D'ailleurs la séve descendante n'est pour rien dans la reprise de la greffe, puisque, dans la greffe en fente et dans celle en écusson à œil poussant et à œil dormant, on retranche toute la partie supérieure du sujet, qui seule pourrait fournir de la séve descendante. C'est donc à la séve ascendante seule que sont dues la reprise et la pousse de la greffe, et il demeure de plus établi que la séve ascendante ne monte ni par l'écorce ni par la partie intermédiaire entre l'écorce et l'aubier, mais spécialement par la première ou même les premières couches de ce dernier.

On peut s'assurer de l'exactitude de ces faits d'une manière encore plus directe en opérant une section dans la tige d'un végétal arrosé pendant quelques jours avec de l'eau colorée : les premières couches d'aubier ont seules pris la couleur du liquide. Le même fait se remarque dans les expériences de M. Boucherie pour la coloration des bois; les premières couches d'aubier se colorent promptement, tandis que le bois dur prend difficilement la couleur : la séve monte donc spécialement par les premières couches de l'aubier. Il en circule cependant encore une certaine quantité dans le bois intérieur, puisque, ainsi que cela résulte des expériences de Niven et de ce qui se passe dans le tilleul de Fontainebleau, ce bois fournit encore de la séve après l'enlèvement de l'aubier.

Mais la séve circule aussi par les rayons médullaires ; ce fait nous semble établi par les résultats de l'expérience que nous avons citée précédemment, en parlant de la double incision faite chacune sur plus de moitié de la tige d'un arbre : la marche de la séve, contrariée sans doute, ne s'est pas arrêtée ; mais comme toutes les fibres verticales de l'aubier, qui sont les canaux conducteurs de la séve ascendante, étaient interrompues, elle a dû nécessairement communiquer d'une partie de l'arbre à l'autre par une marche oblique, c'est-à-dire par les rayons médullaires, seul moyen perceptible de circulation oblique.

6. Le bourrelet de la lèvre supérieure de l'incision annulaire se forme à l'aide d'une séve épaisse et visqueuse fournie par le liber de l'écorce, qui transsude sur l'aubier et descend jusqu'à ce qu'elle ait atteint la lèvre inférieure de l'incision ; cette séve, qui se coagule, n'est autre chose que le *cambium* qui produit à la fois la couche ligneuse annuelle et la couche corticale de l'arbre ; ce cambium descend incessamment, en recouvrant l'aubier dénudé, jusqu'à ce qu'il ait rejoint le petit bourrelet qui se forme à la lèvre inférieure. Ce deuxième bourrelet, dû à la séve ascendante, serait une transsudation fournie par les parties de l'aubier placées immédiatement au-dessous de l'incision ; mais la circulation de cette séve dans la première couche d'aubier, qui était son principal canal, semble arrêtée par l'exposition à l'air et par la dessiccation de la surface de cette couche.

7. L'incision annulaire épuise-t-elle aussi fortement l'arbre ou la branche sur laquelle on la pratique que l'en accusent beaucoup d'arboriculteurs, et en particulier Noisette? On pourrait en douter, et ce doute s'appuierait sur des faits.

M. Chopin et ceux qui suivent sa méthode de taille la pratiquent depuis nombre d'années ; la plupart de leurs arbres ont eu leurs tiges incisées souvent à plusieurs reprises ; ces arbres conservent cependant de la vigueur tout en se chargeant de fruits.

L'incision, en définitive, se résout en un refoulement momentané de la séve ascendante dans la partie inférieure de l'arbre et en une concentration temporaire de la séve descendante dans sa partie supérieure, faits auxquels vient s'ajouter une dénudation de peu de durée d'une partie de l'aubier. Il n'est presque pas une opération de la taille qui ne refoule plus ou moins la séve et ne découvre, souvent pour longtemps, une partie de l'individu, tandis que, dans l'incision, la partie mise à nu est bientôt recouverte par une écorce vive qui rétablit la communication entre les deux portions de l'arbre.

Le végétal éprouve sans doute une crise temporaire par la cessation momentanée de communication entre ses deux parties et par la dénudation d'une petite portion de la surface de la première couche d'aubier ; mais l'opération ne lui devient funeste qu'au cas où cette communication reste interceptée pendant une année au moins, et la crise cesse aussitôt que cette communication est rétablie.

Dans l'incision annulaire, les canaux séveux de la première couche d'aubier paraissent s'oblitérer en grande partie ; mais ces canaux sont bientôt recouverts par d'autres, auxquels leur jeunesse semble donner une surabondance de vie, par de nouveau bois et par une nouvelle écorce. Il n'est pas un seul coup de serpette qui n'atrophie l'extrémité des canaux de circulation de toute la partie qui a subi un retranchement ; et cependant la plaie, qui tout entière perd la vie, est bientôt recouverte sans que l'arbre en paraisse souffrir en aucune manière. Lorsqu'on coupe sur des arbres de grosses branches, on détruit la circulation de tous leurs canaux séveux ; mais, lorsque ces arbres ont de la vigueur, le cambium et une nouvelle écorce travaillent incessamment à recouvrir la plaie ; la surface entière de la section reste privée de vie, mais elle est bientôt recouverte et renfermée dans l'arbre, sans qu'il cesse de croître et sans qu'il paraisse en aucune manière épuisé. Nous avons vu même, dans des forêts, des élagages modérés, qui d'ordinaire n'ont pour objet de supprimer que des branches horizontales, ranimer la vigueur dans le sens vertical et même dans tout l'ensemble de l'arbre. En sciant pour le service les arbres élagués, on trouve les plaies de l'élagage recouvertes ; mais leur surface n'en a pas moins été frappée de mort, et aucune communication ne s'est rétablie entre elle et à la partie supérieure de l'arbre ; le bois a perdu de la valeur comme bois de service, mais l'arbre a quelquefois gagné en puissance de végétation.

Dans les greffes en fente, en couronne et à œil dormant, il y a résection du sujet entier, dont toutes les fibres atrophiées sont bientôt recouvertes par la végétation de la greffe ; cette opération peut se renouveler sans altérer sensiblement la vigueur du sujet.

Dans l'incision annulaire, on se borne à enlever un anneau d'écorce que la marche normale de la végétation ne tarde pas à remplacer, pour ainsi dire sous nos yeux, tandis que, dans les faits qui précèdent, c'est la tige ou la branche qu'on retranche sans qu'il paraisse en résulter un inconvénient bien réel.

Les faits viendraient donc à l'appui du raisonnement pour rassurer un peu sur l'effet fortement épuisant attribué à l'incision annulaire, et nous pensons que, si la plaie se recouvre dans l'année, l'arbre n'en reçoit point d'altération sensible ; et s'il arrivait même qu'on eût à craindre que les deux lèvres ne se rejoignissent pas, on pourrait, comme nous venons de le dire, à l'aide de l'un des bourgeons qui se développent le plus souvent au-dessous de l'incision, rétablir la communication, en le greffant par approche au-dessus de cette même incision.

Cependant cette opération demande à être pratiquée avec discrétion et seulement sur des sujets vigoureux, soit pour faire naître des branches aux places où elles manquent, soit pour les mettre à fruit. Lorsqu'un arbre est sans vigueur, la plaie se recouvre difficilement, et la partie supérieure périt ; lorsqu'il donne déjà du fruit, l'opération peut lui nuire, parce qu'elle a pour résultat de le surcharger de productions fruitières. C'est le cas de répéter ici l'adage : *Usez, mais n'abusez pas.* S'il arrive d'ailleurs que l'incision annulaire entraîne la formation d'un trop grand nombre de productions fruitières, on retranche les bourses et lambourdes surabondantes, et si l'arbre est jeune, la vigueur reparaît bientôt, et avec elle la production des bourgeons à bois.

8. Il semblerait que l'incision annulaire doit offrir plus de danger pour la vie de l'arbre lorsqu'elle est faite sur le tronc que lorsqu'elle laisse une partie des branches au-dessous d'elle. Dans ce dernier cas, l'appareil foliacé des branches inférieures continue d'élaborer de la séve descendante qui favorise le prolongement des racines ; lorsqu'au contraire il n'y a point de branches au-dessous de l'incision, tout passage est intercepté à la séve qui provient des feuilles. Cette séve descendant par le liber de l'écorce, et entre l'écorce et l'aubier, jusqu'aux racines, dont elle fournit le prolongement, celles-ci alors cessent, tant que l'interruption subsiste, de s'allonger et d'aller chercher de nouveaux sucs dans un nouveau sol ; les spongioles s'oblitèrent, et, si le rapprochement des lèvres n'a pas bientôt lieu, l'arbre meurt, parce que ses racines, perdant toute activité, n'aspirent plus assez de séve pour fournir aux feuilles les moyens d'entretenir la vie et de donner aux lèvres de l'incision la faculté de se rejoindre.

Du reste, nous admettons, avec beaucoup d'arboriculteurs, qu'il peut y avoir du danger à pratiquer une large incision annulaire dans le bas d'un arbre ; mais nous la regardons comme pouvant être utile, et sans notable inconvénient, appliquée avec mesure sur des branches et même sur la partie supérieure d'une tige vigoureuse.

# CHAPITRE III.

## Distinction et marche des deux séves.

Avant de nous livrer à de plus grands détails sur la mise à fruit des arbres, nous entrerons dans quelques développements de physiologie végétale qui serviront à motiver les divers procédés que nous conseillons, à rendre raison de leurs effets et à guider dans leur application, développements qui seront en grande partie les corollaires des observations qui précèdent.

1. Les observations que nous venons d'exposer relativement aux effets de l'incision annulaire nous mettent sur la voie pour expliquer une partie notable des phénomènes qui se passent dans la végétation ; elles nous conduisent à distinguer deux ordres de circulation dans les arbres : celle de la séve ascendante, qui monte des racines à toutes les parties de l'arbre ; et celle de la séve descendante, qui va du sommet et des branches aux racines. L'incision annulaire isole en quelque sorte ces deux séves et permet de caractériser leurs propriétés ; au-dessus et au-dessous de l'incision s'établissent deux actions végétales qui, avant qu'on l'eût pratiquée, marchaient ensemble sans pouvoir se distinguer l'une de l'autre, et qui, après cette opération, agissent isolément. Ainsi, au-dessous de l'incision, les bourgeons se développent plus rapidement, il en parait même de nouveaux qui s'élancent dans la direction verticale ; on y remarque un

grand accroissement de vigueur, sans que le grossissement de l'arbre ou de la branche paraisse sensible. En outre, les productions fruitières qui se trouvent dans cette même portion du végétal n'en reçoivent aucune influence favorable, et l'on voit même les boutons qui se disposaient à donner du fruit se transformer en branches à bois. Au contraire, l'allongement des bourgeons cesse dans la partie supérieure. Ce serait donc à la séve ascendante, que l'incision annulaire empêche de se porter vers les parties supérieures de l'arbre, et qui la concentre en quelque sorte dans les parties inférieures, que serait due l'élongation des bourgeons ; cette séve serait donc le principe essentiel de vigueur du végétal. D'autre part, la circulation étant arrêtée par l'incision et ses effets cessant de se produire au-dessus du point où on l'a faite, sa marche normale est ascensionnelle ; elle monte des racines, qui puisent dans le sol les liquides séveux, et elle s'élèverait jusqu'au sommet de l'arbre en se distribuant dans toutes ses branches, si l'incision n'avait intercepté ses principaux canaux d'ascension.

2. Nous remarquons au-dessus de l'incision des phénomènes en quelque sorte opposés : les bourgeons cessent de s'allonger, leur extrémité se couronne de feuilles comme au repos de la séve, les dards prennent le caractère de productions fruitières, les bourgeons à fruit se forment et grossissent ; tout l'appareil fructifère s'améliore ; les fleurs cessent de couler, retiennent leurs fruits, qui deviennent plus gros et plus hâtifs. C'est donc le fluide séveux concentré par l'incision dans la partie supérieure qui produit tous ces effets. De plus, de la lèvre supérieure de l'incision, des couches du liber transsude un liquide épais qui se coagule, s'accumule, descend, et finit peu à peu par recouvrir la partie dénudée et par atteindre à la fin la lèvre inférieure de cette même incision et le petit bourrelet qui s'y est formé : la marche de cette séve est donc descendante. En même

temps, pendant que tout accroissement en diamètre semble
s'arrêter dans la partie inférieure, on voit grossir d'une manière anomale la tige au-dessus de l'incision; le grossissement est plus sensible à mesure qu'on en approche. C'est
donc cette sève qui produit le grossissement de l'arbre et la
couche ligneuse annuelle.

Si l'on pratique l'incision annulaire sur des branches non
garnies de feuilles, soit que leur développement n'ait point
encore eu lieu, soit qu'on les ait enlevées, il ne se forme
presque point de bourrelet à la lèvre supérieure de l'incision,
et, en la pratiquant sur plusieurs branches inégalement
pourvues de feuilles, on peut s'assurer que le volume du
bourrelet reste en rapport direct avec l'abondance des feuilles
des branches incisées. Il en résulte donc que le bourrelet et
la sève qui le produit sont dus spécialement à l'action des
feuilles.

Mais le prolongement des racines est aussi dû à la sève
élaborée par les feuilles. Pour en acquérir la preuve, MM. Moretti et Dion ont mis dans l'eau deux branches de saule; à
l'une on a laissé ses feuilles, on les a enlevées à l'autre à
mesure qu'elles croissaient; la première a émis des racines,
la seconde n'en a donné aucune. Ainsi donc la sève qui
forme le bourrelet, ce bourrelet lui-même et les racines seraient dus à l'action des feuilles.

Le fluide séveux qui produit ces effets a donc une marche
opposée à celle du fluide qui provient des racines; il descend comme l'autre monte, et suivrait son chemin jusqu'aux
racines si l'incision n'avait intercepté sa route en scindant
l'écorce et en mettant à nu l'aubier : son chemin était donc
le liber même de l'écorce et la partie intermédiaire entre
l'écorce et l'aubier.

Par un travail successif, ce fluide séveux a reconstitué
l'écorce et le liber, et a ainsi rétabli sa communication avec
la partie inférieure de l'arbre; il recommence alors à des-

cendre jusqu'aux racines, laisse en chemin entre l'écorce
et l'aubier une partie de sa substance, une séve visqueuse
qui se coagule, et qui, sous le nom de *cambium*, produit la
couche annuelle destinée au grossissement de l'arbre. C'est
donc à la séve descendante qu'est due la formation du ligneux, comme celle de l'écorce, comme celle des racines.
La séve ascendante y concourt cependant, suivant toute pro-
babilité, en envoyant par les rayons médullaires le liquide
et peut-être quelques substances élémentaires nécessaires à
la composition de la séve descendante.

Bien plus, on remarque que les couches externes de
l'écorce se désorganisent incessamment, deviennent écailleuses, périssent et tombent en partie : la séve descendante
qui, d'après ce que nous avons vu, reproduit l'écorce, forme
donc en outre chaque année, en remplacement de la partie
qui se décompose, une nouvelle couche de liber.

C'est encore cette séve qui, dans sa marche descendante,
produit toute la substance des racines, leur ligneux et leur
écorce, qui ne sont d'ailleurs que la continuation du ligneux
et de l'écorce de l'arbre; c'est à elle qu'est encore du l'allongement des racines comme on doit a la séve ascendante
celui des bourgeons; et pendant que la séve ascendante produit les feuilles, qui sont l'organe sécréteur de la séve descendante, par similitude la séve descendante, en prolongeant incessamment les racines, produit une substance
molle, spongieuse, dont l'organisation est peu connue et à
laquelle on a donné le nom de *spongiole*, par analogie à sa
ressemblance avec les éponges. Les spongioles servent de
suçoirs à la séve ascendante et pompent dans le sol les
fluides aqueux chargés des principes nutritifs nécessaires à
l'élongation des bourgeons et à la circulation de la séve descendante, de même que les feuilles pompent dans l'atmosphère les éléments de la séve descendante pour les transmettre à tout le corps de l'arbre et à ses racines.

Mais nous pensons que ces spongioles ne sont aptes à pomper la séve qu'au moment de leur formation, alors qu'elles sont molles. Au fur et à mesure de l'allongement des racines, l'extrémité reste toujours spongieuse, tandis que la partie plus rapprochée du végétal durcit. Tant que les feuilles continuent leur action, ces parties molles se forment incessamment ; mais lorsque les feuilles tombent, l'élaboration de la séve s'arrête, et celle-ci cesse de descendre vers les racines ; alors les spongioles durcissent, leur action absorbante s'arrête également, la séve pompée précédemment par les racines cesse de monter, et l'arbre arrive ainsi au moment du repos.

Nous venons de dire que la séve descendante fournit la substance des racines ; on en trouverait au besoin une preuve directe dans les marcottes avec étranglement, qui ne produisent leurs racines qu'à la lèvre supérieure de la strangulation. On a observé encore que, si on recouvre de mousse une incision annulaire, et si on entretient cette mousse à l'abri de la lumière, on voit au bout de quelque temps des racines sortir des lèvres supérieures de l'incision, sans qu'il s'en montre aucune aux lèvres inférieures. Nous rappellerons à ce sujet notre observation de petits jets radicellaires produits dans une incision laissée à découvert et so dirigeant vers le bourrelet inférieur.

Enfin les expériences de Moretti et de Dion, dans lesquelles les branches munies de feuilles ont produit des racines pendant que celles qu'on en privait n'en pouvaient émettre aucune, prouvent encore surabondamment que les racines sont dues à l'action des feuilles, et par conséquent à la séve qu'elles élaborent.

Nous avons dit que le grossissement qui s'opère dans le diamètre de l'arbre serait spécialement dû à la séve descendante ; il transsude des couches du liber un fluide qui s'épaissit pour former la couche annuelle ; cette couche acquiert, au-dessus de l'incision, ainsi que tous les bourgeons fructifères, une épaisseur anomale qui ne peut être due qu'à l'accumulation de la portion de séve descendante destinée à la partie inférieure de l'arbre et aux racines, et que l'incision a retenues dans la partie supérieure. Ainsi donc, puisqu'en arrêtant la circulation de cette séve par l'incision annulaire toutes les parties situées au-dessus de ce point d'arrêt grossissent d'une manière anomale, tandis que celles placées au-dessous cessent de grossir, il faut bien en conclure que c'est à elle qu'est dû l'accroissement de l'arbre en diamètre. En coupant au mois de novembre la tige d'un jeune sujet au-dessus et au-dessous d'une incision dont les lèvres ne s'étaient pas rejointes, nous avons remarqué que la couche annuelle était, au-dessus de l'incision, d'une épaisseur remarquable, tandis qu'on cessait de l'apercevoir au-dessous, en sorte qu'on pouvait compter au-dessous de l'incision une couche de moins qu'au-dessus. On remarque encore, sur la partie incisée, que la couche annuelle de l'année précédente est entièrement atrophiée, aussi bien sur la partie qui a été recouverte par le cambium que sur celle qui ne l'a pas été.

3. Nous trouverions encore dans les phénomènes que produit l'incision annulaire la confirmation de l'opinion des agronomes que les racines d'un végétal ne semblent puiser dans la terre qu'une très-petite partie de sa substance. Nous avons vu que tout le ligneux de l'arbre, ses fruits, son écorce, ses racines, étaient produits par la séve descendante, pendant que la séve ascendante ne semble fournir qu'à l'élongation des bourgeons et à la production des feuilles. La séve ascendante ne trouve souvent dans le sol que peu ou point de carbone, et cependant ce carbone forme le principal élément du bois : ce sont donc les feuilles qui fournissent spécialement ce carbone en aspirant l'acide carbonique de l'atmosphère, et elles en absor-

bent au delà des besoins, puisque, d'après les expériences de Saussure, elles en rejetteraient le plus souvent pendant la nuit une plus grande quantité que les racines n'en prennent pendant le jour dans le sol.

Nous avons vu des arbres prospérer merveilleusement et prendre de grands développements dans des granits en décomposition qui ne contenaient point de carbone. Sur les hauteurs de Bade-Baden, dans des grès à gros grains des Vosges, sans aucun mélange de terre végétale, il existe des chênes de 4 mètres de tour; leur carbone venait donc de l'atmosphère, où les feuilles l'aspirent sous la forme d'acide carbonique.

Enfin nous rappellerons encore l'expérience faite par Van Helmont sur un saule, expérience répétée par Boyle; en cinq ans ce saule avait atteint le poids de 32 kilogr. 50, et celui de la terre du vase qui le renfermait n'était diminué que de 60 grammes. On conçoit alors comment, dans la végétation spontanée, des générations de grands et de petits végétaux peuvent se succéder sur le même sol et être enlevés par l'homme sans que le terrain s'appauvrisse, et même en l'enrichissant : c'est qu'en résumé le sol, bien qu'on lui enlève son principal produit, reçoit encore en résidus de feuilles, de tiges, de racines, plus de substance végétale qu'il n'en fournit aux végétaux qui se développent à la surface.

Cette condition avantageuse de la végétation spontanée, de ne dépenser qu'une faible partie des principes fécondants qu'elle absorbe pour accumuler le surplus dans le sol, était nécessaire, dans les vues providentielles, pour enrichir d'humus la couche de la surface, et pour entretenir et conserver les nombreuses espèces animales qui doivent vivre de son produit, sans pouvoir rien faire pour réparer ses pertes. Il n'en est pas de même de la végétation des produits nécessaires à la race humaine; l'homme, condamné

au travail, ne peut les obtenir qu'en combattant la végétation spontanée elle-même, en débarrassant le sol de ses
produits naturels, et en l'arrosant de ses sueurs; il maintient les espèces végétales qui lui sont utiles dans un état
de concentration qui les affaiblit, et il épuise par là le sol
des sucs nutritifs qui sont nécessaires à leur existence; il
doit donc lui rendre par des engrais une partie du moins
de ceux qu'absorbent les plantes qu'il y accumule; mais
alors encore les plantes demandent à l'atmosphère la plus
grande partie des éléments de leurs produits.

Toutefois, alors même que des lois bienfaisantes et nécessaires à la conservation de l'espèce dispensent l'homme
de rendre au sol tous les éléments végétaux qu'il en retire,
les produits qu'il en obtient sont cependant proportionnels
à la quantité d'engrais fournis ou à la fécondité naturelle
du sol; mais, comme pour stimuler son intelligence et ré-
compenser son industrie, la puissance d'absorption des végétaux qu'il cultive augmente, relativement aux principes
qu'ils puisent dans l'atmosphère, en quelque sorte, en progression géométrique, pendant qu'il n'est tenu de fournir
au sol qu'une progression arithmétique d'engrais.

Ainsi donc nous dirons, en nous résumant, que la séve
qui part des racines, quoique coûtant peu au sol, est le
principe de vie des végétaux; elle donne naissance aux
feuilles, qui puisent dans l'atmosphère la plus grande partie de la substance du végétal, et particulièrement les éléments de la fructification. Nous ajouterons que c'est en
raison directe de la fécondité naturelle ou artificielle du sol
que s'exerce la puissance d'absorption des feuilles sur l'atmosphère. C'est là ce qu'il ne faut point oublier, en agriculture aussi bien qu'en horticulture.

4. Nous apercevons clairement l'origine de la séve ascendante puisée dans le sol par les spongioles des racines; il
n'en est pas tout à fait de même quand il s'agit de la séve

descendante; cependant on peut aussi remonter à son origine. Nous avons vu dans ce qui précède qu'elle ne produisait ses effets que lorsque le végétal était pourvu de feuilles, et que ces effets étaient en rapport avec leur abondance : nous avons donc dû attribuer son origine aux feuilles. Mais d'ailleurs elle ne peut venir que du milieu dans lequel vivent les membres de l'arbre, de l'atmosphère, qui renferme tous les éléments de végétation à l'état de gaz; ces éléments y sont donc puisés par les organes de l'arbre pourvus de moyens d'absorption; or l'écorce en est recouverte d'un épiderme ou de parties écailleuses souvent inertes, qui n'exercent sur l'atmosphère et n'en reçoivent que peu d'influence; les feuilles sont seules organisées pour un pareil travail ; elles sont pourvues sur chacune de leurs surfaces de stomates, dont les uns sont les organes de transpiration qui rejettent sous forme gazeuse les principes inutiles à la plante, et dont les autres pompent dans l'atmosphère les éléments de la séve descendante.

C'est encore aux feuilles que vient aboutir la séve ascendante, et c'est dans leur tissu que se forme la séve descendante : les deux séves ont donc là un point de rencontre, point de départ pour l'une, point d'arrivée pour l'autre ; la réciprocité a lieu dans les spongioles des racines, où aboutit la séve descendante et d'où part la séve ascendante.

Toutefois ces points de rencontre des deux séves sont loin, à notre avis, d'être les seuls où elles puissent communiquer. Il est à croire, bien que leurs canaux de circulation restent distincts et séparés, que les rayons médullaires les mettent incessamment en contact, et qu'elles se fournissent réciproquement, par leur intermédiaire, les principes dont elles ont besoin; c'est ainsi que la séve des racines fournit particulièrement à celle des feuilles l'élément aqueux qui la fluidifie et facilite sa circulation entre les couches du liber et sur la dernière couche d'aubier.

5. Bien que, par suite de l'incision annulaire, la plus grande partie de la séve ascendante cesse de prolonger les bourgeons de la partie supérieure de l'arbre, et que son effet semble se concentrer dans la partie inférieure, son ascension et son passage, d'après les expériences de Niven, ne sont pas complétement interceptés. Si tous les passages l'étaient, il en résulterait la mort à peu près immédiate de la partie supérieure de l'arbre ; car l'appareil foliacé, organe absorbant du végétal, ne peut puiser dans l'atmosphère tout le fluide aqueux nécessaire à la circulation de la séve descendante. Lorsque le sol vient à manquer d'eau, la séve ascendante, qui manque elle-même de dissolvant, cesse de monter jusqu'aux feuilles pour fournir l'eau dont a besoin la séve descendante ; les éléments séveux qu'absorbent les feuilles cessent alors de pouvoir se fluidifier, les feuilles se flétrissent et l'arbre meurt. C'est donc à la séve qui monte des racines que celle que produisent les feuilles doit ses moyens de fluidification.

6. Maintenant quel est le chemin par lequel monte la séve des racines ? Il ne peut être le même que celui que parcourt la séve des feuilles, qui est le liber de l'écorce et l'entre-deux de l'écorce et de l'aubier, puisqu'elles se confondraient ; il doit donc passer par les couches d'aubier, comme le prouvent d'ailleurs les expériences de Boucherie et celles faites avec des infusions colorées ; mais nous devons admettre que ses canaux les plus actifs de circulation sont dans la première couche d'aubier, dans la partie la plus voisine de l'écorce, puisqu'en exposant à l'air, par l'incision, cette première couche, elle cesse de produire son effet principal, qui est l'élongation des bourgeons, dans la partie supérieure à cette incision, et que, quand les deux lèvres ne se rejoignent pas, il en résulte souvent la mort de cette partie supérieure. Il faut donc bien admettre qu'une portion essentielle de cette séve est interceptée par la seule

dénudation de la première couche d'aubier, et qu'il a suffi
de cette circonstance pour que ses moyens de circulation
les plus actifs soient paralysés par l'action de l'atmosphère.

7. Knight a remarqué que le bois de la partie de l'arbre
placée au-dessus de l'incision annulaire acquiert une pesanteur spécifique plus considérable que celui de la partie inférieure. Ce résultat confirme les expériences au moyen
desquelles Buffon s'est assuré que la décortication de la
tige d'un arbre donnait à l'aubier la consistance du bois
intérieur, et que ce bois lui-même prenait plus de densité;
l'arbre décortiqué après la pousse des feuilles continue de
vivre pendant la saison entière, de sorte que les feuilles
produisent pendant tout ce temps une quantité de séve descendante qui, privée de la possibilité de former la couche
annuelle, s'accumule dans l'aubier et dans le bois du reste
de l'arbre, d'où résulte pour tout l'ensemble une pesanteur
spécifique plus considérable. Nous devons donc conclure
de tout cela que la séve descendante produit non-seulement
l'écorce, le cambium qui fournit la couche annuelle, et
l'allongement des racines, mais encore la substance qui, en
s'interposant entre les fibres ligneuses de l'aubier, le rend
plus dense et semblable au bois intérieur; c'est-à-dire
qu'elle produit l'arbre tout entier, à l'exception des feuilles
et du premier développement des bourgeons.

Il nous semble qu'il y aurait un grand parti à tirer de
l'observation de Knight. Buffon, guidé par ses expériences,
conseillait de décortiquer les bois de service pour augmenter la densité de l'aubier; les travaux de Knight prouve-
raient qu'une simple incision annulaire pratiquée dans le
bas de l'arbre produirait un effet analogue sur tout l'ensemble de son bois, et que cet effet pourrait s'élever jusqu'à accroître d'un quart la densité de certains bois, le
sapin par exemple. Il y aurait donc un grand avantage à
inciser au printemps le bois de service qu'on voudrait em-

8.

ployer l'année suivante, surtout si, comme cela est probable, en augmentant sa densité on lui assurait en même temps une plus longue durée.

8. C'est à la séve descendante que serait encore dû spécialement l'*aoûtement* des bourgeons, qui s'opère lorsque la séve ascendante, ayant terminé leur développement, produit à leur sommet une rosette de feuilles. Par cet aoûtement les bourgeons perdent leur consistance herbacée, et prennent la consistance ligneuse qui leur donne la faculté de pouvoir résister aux rigueurs de l'hiver. Ce travail se fait pendant l'automne, alors que la séve ascendante a cessé de fonctionner ; cette séve concourt sans doute, pour une certaine part, à cet aoûtement, mais les éléments qui apportent la consistance seraient surtout dus à la séve descendante élaborée par les feuilles, qui, comme nous l'avons vu, fournit à peu près exclusivement les fibres ligneuses et la substance solide qui les lie entre elles, et qui donne au bois plus de consistance et de poids.

Mais cet aoûtement, ce travail de l'automne, est surtout important pour la fructification. On sait que, dans la vigne, le produit de l'année suivante dépend essentiellement de l'aoûtement des bourgeons ; il en est de même des fruits, et c'est dans cette saison qu'achèvent de se former les boutons qui doivent les produire ; cela se reconnaît évidemment dans certains bourgeons de poiriers et de pommiers formés pendant l'année, qui se terminent par des boutons à fruits, et dans les rosettes des feuilles nées pendant les années précédentes, dont les boutons se gonflent et prennent la forme obtuse qui annonce le développement des fleurs au printemps suivant. Dans ces arbres comme dans la vigne, ces boutons, qui recèlent les germes des fruits, reçoivent, dans les mois d'août et de septembre, de la séve des feuilles, le complément d'action végétale nécessaire pour que l'année suivante ils produisent des fleurs. Toutefois la séve a essentiellement besoin de chaleur pour déterminer l'aoûtement des bourgeons des arbres d'origine méridionale ; un automne chaud leur prépare des fleurs auxquelles il donne, suivant l'intensité de la chaleur, plus ou moins de force pour résister aux intempéries. L'aoûtement des bourgeons des poiriers et des pommiers, qui appartiennent à la classe des végétaux que voient naître des latitudes peu élevées, exige sans doute moins de chaleur, mais s'accomplit dans des conditions bien plus favorables par un automne sec que par une arrière-saison humide.

L'incision annulaire, en nous permettant de suivre isolément, en quelque sorte, l'action des deux séves, nous met donc sur la voie de la théorie de la fructification, et ses résultats nous autorisent à conclure que tout ce qui favorise spécialement la production de la séve des racines lui serait opposé. Les arbres doués d'une grande vigueur ne se mettent le plus souvent à fruit que quand cette vigueur s'apaise ; les arrosements, les saisons humides préparent peu de fruits pour l'année suivante ; ils donnent trop d'activité à la séve des racines, qui de toutes parts travaille au prolongement des bourgeons ; la séve des feuilles, devenant par suite trop aqueuse, reçoit une impulsion qui ne lui laisse plus, en quelque sorte, que le temps de s'occuper du grossissement de toutes les parties de l'arbre et du prolongement des racines. Lorsqu'au contraire un temps sec ou un sol peu humide ne fournit aux spongioles des racines, au lieu de sucs aqueux et abondants, que des sucs plus rares et d'une consistance plus grande, l'allongement des bourgeons s'arrête, et la séve des feuilles sert alors spécialement à la formation des boutons à fruits. Nous verrons par la suite que tous les procédés usités pour obtenir des fruits des arbres rebelles tendent spécialement à donner à la séve des feuilles la prépondérance sur celle des racines.

9. La plupart des botanistes admettent l'existence d'une

circulation qui s'opérerait du **centre** à la circonférence par
les rayons médullaires. Loin de contester cette opinion,
nous penserions que ces rayons seraient destinés à établir
une communication entre les deux séves. Rien, à ce qu'il
semble, ne peut faire présumer qu'ils serviraient de canaux
à un fluide spécial, puisqu'on ne saurait assigner à ce fluide
une origine, une nature, ni des fonctions appréciables. La
moelle, qui, dès le principe, est le point de départ des rayons
médullaires, s'oblitère et se détruit au bout de peu d'années; ses fonctions ne s'exercent que pendant la jeunesse
de l'arbre. Les rayons qui y aboutissent ne cesseraient pas
cependant d'être des organes essentiels, puisqu'ils continuent d'exister et de se former dans les âges successifs de
l'arbre; mais ils ne dépendraient pas de la moelle, puisque
leur formation persiste après sa destruction : il serait donc
naturel de les regarder comme le moyen de communication
des deux séves.

10. Nous distinguons donc à des caractères différents
deux séves et deux circulations. En n'admettant, avec les anciens botanistes, qu'une séve, nous devrions arriver à dire
que celle-ci, après avoir produit les feuilles, se combinerait
avec les éléments atmosphériques qu'elles aspirent, pour
prendre un autre caractère, d'autres propriétés, qui la rendent apte à former la couche ligneuse annuelle, à produire,
à alimenter la fructification, avant de descendre aux racines
pour en former la substance et l'élongation. Il nous semble
plus rationnel de distinguer deux séves, dont la composition n'est plus la même, dont les fonctions dans le végétal sont essentiellement différentes, et dont la circulation
se fait suivant des directions diamétralement opposées.

Ainsi donc, en continuant d'admettre ce principe, nous
remarquerons encore que la séve ascendante s'éveille avant
la séve descendante. Au printemps, aussitôt que la température de l'air s'échauffe, la séve des racines commence son

ascension, gonfle les boutons, humecte la coupe des branches qu'on a taillées, et dans la vigne particulièrement coule abondamment de toutes ses blessures. Pendant ce temps la séve des feuilles ne peut encore se produire, puisque les organes de sa formation n'existent pas; toutefois celle qui s'est accumulée dans l'arbre pendant l'automne, dans les canaux de circulation, dans le liber de l'écorce et entre l'aubier et l'écorce, et qui y est à un état visqueux qui s'oppose à ce qu'elle prenne son cours, reçoit de la séve des racines le liquide nécessaire à sa fluidification. La couche intérieure de l'écorce se lubrifie, la séve descendante commence à se mouvoir, gagne les racines, y produit quelques mamelons et des dards radicellaires qui doivent en faire développer de nouvelles; mais ce n'est que lorsque la séve qui monte des racines a produit les feuilles que la marche de la séve qu'élaborent ces dernières prend de l'activité, que l'écorce perd son adhérence à l'aubier, et qu'elle arrive à produire le cambium qui bientôt s'organise en tissu ligneux.

11. La quantité de séve fournie par les racines est très-considérable. Bradik, ayant fait couper un cep de vigne vigoureux à la fin de mars, vit la séve sortir immédiatement par tous les pores du bois; il attacha sur la plaie un morceau de vessie qui bientôt creva par l'abondance et sous la pression du liquide.

Cette eau séveuse renferme en petite quantité des principes nutritifs qui fournissent la substance des feuilles et la matière nécessaire à l'élongation des bourgeons; une partie de cette eau sert à fluidifier la séve descendante à mesure qu'elle se forme dans les feuilles, et à lubrifier toutes les parties du végétal; une autre se décompose pour donner au végétal, en partie du moins, l'oxygène et l'hydrogène dont ont besoin ses sucs propres et ses produits; mais la plus grande portion est encore rejetée dans l'atmosphère par les feuilles elles-mêmes à l'état de vapeur. La quantité d'eau ainsi expirée est très-abondante ; les expériences de Halles ont prouvé qu'elle pouvait, dans un seul végétal, et en un jour, équivaloir en poids à une partie notable du végétal lui-même. Cependant la proportion de liquide reportée dans l'atmosphère est très-variable ; très-active sous l'influence solaire, elle est presque nulle pendant la nuit et par les temps couverts ou pluvieux. Les feuilles seraient donc pourvues de pores inhalants et de pores exhalants ; c'est par ces derniers qu'elles rejettent pendant le jour l'eau superflue et l'oxygène, pendant la nuit l'azote et l'acide carbonique, et par les premiers qu'elles absorbent incessamment les principes végétaux qui forment la substance même de l'arbre, l'acide carbonique, l'oxygène, l'hydrogène, et de plus l'azote.

12. La force qui produit l'ascension du liquide est très-puissante ; Halles a constaté que la pression exercée par la séve d'un cep de vigne de petit diamètre faisait équilibre à une colonne de mercure de 0ᵐ,90, et que, par conséquent, elle se serait élevée à une hauteur de 12 mètres. Il est à croire que, dans un végétal de plus grande dimension, la pression de la séve est encore relativement plus considérable, ce qui, d'ailleurs, est prouvé par l'expérience, puisqu'il existe des végétaux dans lesquels la séve s'élève jusqu'à 50 mètres, et plus.

Mais quelle est la force à laquelle serait due cette ascension? Les botanistes ont émis sur cette question des avis très-différents ; les uns l'attribuent à la puissance d'aspiration des feuilles, d'autres à la capillarité de la fibre ligneuse, d'autres enfin à la combinaison de ces deux moyens ; mais il semble que ni l'un ni l'autre, ni même leur action simultanée, ne peuvent donner une explication satisfaisante. Et d'abord on ne peut l'attribuer à l'aspiration des feuilles. Dans les expériences de Halles comme dans celles de Bradik,

tout l'appareil foliacé avait été enlevé par la résection de la
tige. Elle ne peut non plus être due à la capillarité : la capillarité fait monter les fluides jusqu'au sommet des tubes à
l'extrémité desquels le liquide s'épanche sans force ascensionnelle ; mais ici il reste une force d'ascension considérable, qui ne peut, par conséquent, être due à la capillarité.
On ne peut pas davantage l'attribuer à l'action simultanée
des feuilles et de la capillarité, puisque, par la résection de
la tige, on a retranché à la fois les tubes capillaires et les
feuilles. Il y a donc ici une puissance ascensionnelle qui ne
peut être expliquée par aucun des moyens proposés ; elle
résulte d'une force inconnue à laquelle on est convenu de
donner le nom de *force vitale*. Cette force a bien pour
résultat spécial l'ascension de la séve, mais elle la fait mouvoir aussi dans tous les sens, puisqu'elle produit, avec moins
de force, il est vrai, les bourgeons des branches horizontales et même de celles qu'on a inclinées au-dessous de
cette direction ; c'est donc une force circulatoire, mais plus
spécialement ascensionnelle.

Cette force vitale, qui produit d'une part l'ascension de
la séve ascendante, quoique paraissant produire un effet
contraire à l'égard de la séve descendante, est cependant
bien aussi le principe impulsif de la marche de cette dernière ; la gravité seule pourrait, à la vérité, expliquer sa
descente dans la tige verticale de l'arbre ; mais elle circule
aussi dans les branches horizontales, et de plus elle remonte
dans celles qui se trouvent inclinées plus bas que cette position. La séve s'y attarde bien un peu pour y multiplier les
productions fructifères ; mais, dans ces branches courbées au-
dessous de la ligne horizontale, elle remonte effectivement
pour gagner ensuite les racines, puisqu'elle produit sur ces
branches, comme sur toutes les autres, la couche ligneuse
annuelle, moins forte ici, il est vrai, que dans celles dont la
direction est verticale : elle circule donc dans tous les sens

comme la séve ascendante. Il y a donc ici, de même que
pour la séve qui monte des racines, l'action de la force
vitale, qui produit la circulation dans tous les sens. Il en
résulterait, à notre avis, qu'on doit admettre dans les végétaux une force circulatoire analogue à celle qui existe
dans les animaux, force qui prend naissance et s'éteint avec
la vie, et qui imprime aux deux séves deux directions spéciales opposées, l'une d'ascension et l'autre de descension.

Mais, tout en admettant un principe vital dans les végétaux, nous ferons remarquer cependant que la vie végétale
diffère essentiellement de la vie animale. L'un des caractères principaux qui les distinguent, c'est que dans le végétal
la vie et la circulation sont divisibles et continuent dans le
végétal divisé, comme on le voit dans la bouture, les greffes, les marcottes, les drageons, tandis que dans l'animal la
division entraîne la perte de la vie. Nous rappellerons toutefois que cette possibilité de division de la vie se manifeste
aussi dans les derniers degrés de l'échelle animale. — Ici
nous nous arrêtons pour ne pas nous égarer dans le domaine
des hypothèses.

13. Le travail de la végétation a ses moments de repos
comme celui des hommes et des animaux; ces moments
n'ont pas lieu dans tous les climats sous les mêmes influences : dans les climats tempérés ils arrivent pendant l'hiver
et à l'époque du solstice d'été; dans les climats tropicaux,
où l'hiver se montre sous forme de longues pluies chaudes
qui activent la végétation, le repos a lieu pendant l'été,
alors que la sécheresse frappe les végétaux. Dans notre
climat, outre le repos de l'hiver, la végétation, après le solstice, semble s'arrêter pendant un mois ou six semaines
pour se ranimer à la fin d'août. On a dit que ce repos était
simplement l'effet d'une chaleur sèche; il est vrai qu'il est
plus sensible lorsque cette condition existe; mais il a lieu
même indépendamment; il ne se manifeste pas également

sur tous les végétaux, mais chez tous il est généralement
sensible.

Cette dernière opinion semblera parfaitement justifiée si
l'on remarque que, dans une grande partie des végétaux,
le temps d'arrêt de la séve arrive à l'époque même des
solstices accompagnés de pluies, et que, dans les plantes
aquatiques, auxquelles ne manque certes pas l'humidité,
les deux *poussées* se distinguent d'une manière frappante ;
après celle du printemps, qui se prolonge jusqu'en juin,
la végétation s'arrête au milieu de la saison, pour reprendre, mais plus faiblement, à la fin d'août et en septembre.
Ainsi la brouille (*festuca fluitans*), qui, dans les étangs, ne
manque certes pas d'eau, donne un abondant pâturage pendant les mois de mai et de juin ; elle durcit, parce qu'elle
cesse de pousser, en juillet, et elle émet de nouvelles et
vigoureuses pousses vers la fin d'août et en septembre.

Pendant le repos de la séve le grossissement des arbres
est à peu près nul. Nous avons mesuré la circonférence
d'arbres de rapide croissance avant et après l'hiver sans
apercevoir aucune différence ; à peine le grossissement
commence-t-il au mois de mai, pour s'arrêter entre les
deux séves et reprendre à celle d'août. L'observation viendrait à l'appui de cette opinion. En effet, pendant tout l'hiver l'écorce reste solidement adhérente à l'aubier ; la séve
grossissante ne peut donc pas s'y accumuler : son chemin
est en quelque sorte fermé ; le grossissement, par conséquent, ne peut avoir lieu.

Nous nous sommes encore assuré par des expériences du
faible grossissement qui s'opère au commencement du printemps ; il ne commence à faire des progrès notables qu'en
mai et s'arrête en juillet. Il est facile d'acquérir la preuve
de ce fait en remarquant que, dans l'incision annulaire, le
bourrelet dû à la séve qui occasionne le grossissement ne
commence guère à se former qu'en mai, et que son déve-

9

loppement s'arrête en juillet; ce grossissement continue ensuite, mais faiblement, en septembre. A cette époque, l'écorce des arbres se soulève de nouveau, ce qui ne peut avoir lieu qu'au moyen de l'action de la séve descendante qui circule entre l'écorce et l'aubier. Mais, dès qu'elle circule, il faut bien conclure que le grossissement a lieu, puisqu'elle est elle-même l'élément du grossissement.

Toutefois le repos d'hiver n'est pas toujours absolu ; une température douce, accompagnée de quelques rayons de soleil, dans le cours de cette saison, excite la séve ascendante, et, si cette température dure quelques jours, on voit les boutons grossir, puis l'écorce des arbres se gonfler. C'est dans ces circonstances qu'une gelée subite devient funeste aux végétaux ; dans quelques-uns le tissu ligneux se brise, dans d'autres la vie s'éteint sans phénomène apparent.

La séve descendante, à l'élaboration de laquelle la présence des feuilles est indispensable, ne se met point aussi promptement en mouvement; cependant, avant même leur développement, avant que la séve ait pu s'ouvrir un passage entre l'écorce et l'aubier, elle détermine sur les racines la formation de petits mamelons, de dards radicellaires qui préparent des suçoirs, des spongioles à la séve ascendante; il faut donc admettre que celle qui s'est accumulée, en automne, dans les canaux du liber, en éprouvant l'action du fluide aqueux de la séve ascendante, prend elle-même aussi un certain mouvement de descension.

Mais ce n'est pas seulement le froid qui détermine le repos de la végétation, puisqu'il a lieu en juillet dans nos climats et pendant les grandes chaleurs dans les pays chauds; dans les climats méridionaux de la France, on voit la végétation s'arrêter en hiver malgré l'influence d'une température qui ressemble à celle de nos printemps et qui mettrait tout en mouvement dans nos climats tempérés; d'ailleurs cette cessation de mouvement végétal ne s'y fait pas seulement remarquer dans les arbres ; elle se manifeste aussi dans le gazon des prairies, qui cesse de grandir sous une température moite qui dans les climats tempérés en activerait la végétation. Le repos a donc dans les végétaux une certaine analogie avec celui qu'exigent les animaux ; c'est en quelque sorte l'inaction après l'action, et le besoin de reprendre des forces pour fournir un nouveau travail.

De plus les végétaux, outre le repos de saison, jouissent encore de celui de la nuit. C'est pendant le jour que s'opère la fécondation ; c'est sous l'influence de la lumière solaire qu'ont lieu plus spécialement les analyses, les assimilations, les transsudations dont l'arbre est le théâtre, ou plutôt l'agent, et que s'accélèrent toutes les circulations dans le végétal ; pendant le jour, ses feuilles et ses racines absorbent l'acide carbonique pour s'en approprier le carbone, et les premières rejettent l'oxygène dont il n'a pas besoin ; pendant la nuit, l'arbre expire l'acide carbonique sans s'en approprier le carbone, parce que sa puissance d'analyse est à l'état de repos. Ce sommeil des végétaux est plus palpable dans les uns que dans les autres ; un grand nombre ferment leurs fleurs, quelques-uns leurs feuilles, mais chez tous une partie des fonctions cesse plus ou moins pendant la nuit.

Bien plus, la fraîcheur de la nuit n'est pas moins nécessaire aux végétaux que le repos qu'ils prennent pendant sa durée ; ainsi, il est très-essentiel de laisser tomber le feu pendant la nuit dans les serres chaudes, pour que les plantes tropicales qui s'y développent y jouissent d'une santé florissante et végètent avec toute la vigueur désirable.

Il peut cependant arriver que le climat ne procure pas aux végétaux, autant qu'il est besoin, le repos nécessaire à la vie végétale comme à la vie animale ; dans ce cas, ces végétaux vivent, ils montrent même beaucoup de vigueur, mais ils ne fructifient pas ou ils fructifient mal. Ainsi, dans

presque toutes les provinces de l'Amérique septentrionale,
le climat ne permet pas à la vigne de prendre le repos dont
elle ne saurait se passer ; aussi elle émet incessamment des
bourgeons qui portent de nouvelles fleurs, mais ses fruits
mûrissent mal et leur produit est sans valeur. Nous voyons
dans nos climats le cerisier de la Toussaint, qui donne toute
l'année de nouveaux bourgeons terminés par des fleurs, ne
porter que des fruits aigres et sans qualité ; la raison en est,
à ce qu'il semble, que la végétation dans cette variété est
incessante et sans temps de repos.

14. Dans nos climats, lorsque les pluies chaudes entretiennent sans relâche la végétation de la vigne et que le
repos normal de l'automne ne vient pas en aide à la maturation de ses fruits, le sucre ne s'y forme qu'en proportion
insuffisante, la maturité s'achève mal, et la récolte, fût-elle
abondante, ne donne qu'un vin de médiocre qualité.

En général, une surabondance de vigueur, une croissance
trop vigoureuse des arbres nuit à la qualité de toutes les
espèces de fruits ; c'est par cette raison que les produits des
jeunes sujets sont inférieurs à ceux des sujets adultes ; on
ne trouve point chez les premiers l'espèce de prépondérance
que doit avoir la séve des feuilles sur celle des racines,
condition nécessaire à la bonne qualité des fruits ; au contraire, la séve ascendante, celle qui vient des racines et qui
fournit le principe aqueux aux fruits, domine celle des feuilles, ou séve descendante, qui leur donne le principe sucré, et
ceux-ci perdent alors leur saveur et leur qualité. Nous avons
souvent vu les pêches, les melons, les cerises, les prunes,
les fraises, etc., devenir aqueux et peu sapides après une
pluie survenue quelque temps avant l'époque de leur maturité. Ce fait doit être attribué à la surabondance de la séve
aqueuse fournie par les racines. Nous avons essayé dans
une même vigne, au gleucomètre, le moût de deux ceps
voisins de même variété, dont l'un était plus vigoureux que

l'autre ; il y avait plus d'un degré de différence entre les deux, et l'infériorité incombait au cep le plus vigoureux ; cette différence était d'ailleurs parfaitement perceptible au goût et provenait évidemment de la vigueur exubérante, et par conséquent de la surabondance de séve qu'absorbaient les racines de ce plant.

Il semble nécessaire, pour que les fruits acquièrent toute leur perfection, qu'il y ait une espèce de repos dans la marche de la séve des racines, que la pousse du végétal s'arrête, et que le champ soit laissé libre à l'action de la séve des feuilles ; c'est ce qui explique dans les plantes trop vigoureuses la convenance du pincement des pousses qui s'emportent. On enraie alors en quelque sorte la séve des racines ; mais ce retranchement doit se faire avec beaucoup de discernement, parce qu'il serait à craindre, s'il était trop sévère, qu'il manquât son but en forçant de nouveaux yeux à s'ouvrir, et en produisant même une espèce de surexcitation qui activerait la circulation de la séve des racines au lieu de la ralentir. Enfin nous remarquerons que le repos de la végétation à l'époque du solstice donne à la séve des feuilles sur celle des racines la prépondérance, ce qui permet à la première de préparer en même temps les éléments fructifères des années suivantes et ceux nécessaires à la qualité et à la maturation des fruits de l'été ou de l'automne qui approche.

15. Les opinions que nous venons d'émettre trouvent une nouvelle importance dans des observations publiées récemment dans le *Journal d'Agriculture pratique* et faites en Angleterre et dans la Nouvelle-Hollande.

On a comparé dans le jardin de la Société d'Horticulture de Londres, pendant un certain temps, l'accroissement diurne à l'accroissement nocturne de plantes placées dans une serre chaude où on maintient une température uniforme de $+ 20° 50$ centigrades ; la croissance de ces plantes a été de 99 pendant les nuits, de 101 pendant les jours correspondants, croissance presque égale le jour et la nuit avec une température uniforme.

Lorsqu'au contraire ces plantes ont été soumises aux alternatives de la température atmosphérique, la croissance, de 79 pendant les nuits, a été de 191 pendant les jours correspondants, c'est-à-dire près de 2 fois 1/2 plus considérable pendant le jour que pendant le repos des nuits, déterminé par l'abaissement de température.

Un naturaliste anglais a encore observé que des plantes que nous sommes obligés de tenir en serre, parce qu'elles périssent chez nous à — 1° ou 2° de froid, résistent en Australie, leur pays originaire, dans des régions voisines du tropique, où elles sont en pleine terre, à une température de 10 à 12° centigrades au-dessous de 0°. Lindley attribue cette anomalie à deux circonstances : à la grande chaleur de l'été, pendant lequel la température s'élève souvent dans ces contrées jusqu'à + 48° centigrades, et à la sécheresse de l'hiver, pendant lequel il ne pleut presque jamais. Pendant la sécheresse de l'été, les séves et les sucs propres de la plante s'épaississent, le tissu ligneux acquiert de la densité, les feuilles prennent la consistance des feuilles de nos buis, de nos houx, des arbres résineux. L'hiver succède à cette saison ; il est sec et sans variations importantes de température, en sorte que ses rigueurs n'atteignent ni le bois, ni les feuilles, ni même les boutons qui doivent bientôt fleurir.

Ces observations doivent diminuer beaucoup l'espérance de voir réussir dans un climat donné des plantes originaires d'un autre pays, lorsque la température de l'hiver est à peu près la même dans les deux contrées ; cette analogie ne suffit pas ; il faut, de plus, que les principales circonstances atmosphériques qui se présentent pendant les saisons d'hiver et d'été se ressemblent, et que la pousse et la tige du végétal puissent atteindre le même degré d'aoûtement.

Il y a là une nouvelle et forte objection à opposer aux partisans de l'acclimatation, qui pensent que les végétaux se plient petit à petit aux influences du climat nouveau dans lequel on les transplante ; ils peuvent, à mon avis, éprouver des modifications considérables, mais dans un sens tout autre que celui qu'ont besoin d'admettre ces partisans pour établir leur système.

Dans les considérations qui précèdent, nous avons cru devoir insister particulièrement sur l'existence des deux sèves, sur leurs propriétés spéciales, afin de faire cesser la confusion qui règne trop souvent à ce sujet dans les ouvrages qui traitent de l'arboriculture ; ces développements serviront à rendre facile l'intelligence de ce que nous avons à dire de la fructification ; nous y trouverons l'explication théorique de la plupart des procédés dont nous conseillerons l'usage. Il y a tout avantage, même pour les praticiens, à pouvoir raisonner leur pratique ; car le raisonnement fournit, dans les cas embarrassants, un guide qu'on ne saurait trouver ailleurs.

## CHAPITRE IV.

### Incisions d'écorce et d'aubier.

1. Les incisions partielles d'écorce, lorsqu'elles entament l'aubier, ont de l'analogie avec l'incision annulaire. Oscar Leclerc, Poiteau, MM. Dalbret et Du Breuil les recommandent comme une opération à l'aide de laquelle on parvient facilement à augmenter ou à diminuer à volonté la vigueur d'une jeune branche d'arbre à fruits à pepins.

Pour augmenter la vigueur d'une branche, on fait, à quelques centimètres *au-dessus* de sa naissance, avec une pe-

tite scie, par exemple, une incision oblique descendante
qui entame l'aubier sur la largeur de l'empâtement de la
branche. Pour diminuer au contraire la vigueur, on fait
l'opération inverse *au-dessous* de la branche qu'on veut affaiblir, c'est-à-dire qu'on pratique l'entaille de la largeur de
l'empâtement en descendant, et en tenant le dos de la scie
ou de la serpette tourné du côté de la terre.

Il est essentiel, lorsqu'on veut affaiblir une branche, que
l'incision soit faite sur le bois de l'année précédente et non
sur la branche elle-même ; nous avons vu chez un arboriculteur, très-habile praticien du reste, que, pratiquée sur
des membres verticaux trop vigoureux de pêchers en espalier, elle était loin d'être arrivée à en contenir la vigueur.
On en conçoit la raison : en la faisant sur le vieux bois, on
peut la prolonger jusque sous l'empâtement de la jeune
branche qu'on veut affaiblir sans se trouver forcé d'entamer
sur une grande profondeur la branche sur laquelle on la
pratique ; on intercepte ainsi les canaux séveux directs de
l'écorce et du bois qui y correspondent ; tandis que, faite
sur la branche elle-même, on ne peut en intercepter qu'une
partie, sous peine de la couper presque entière.

Nous pouvons, à l'aide de ce qui précède, trouver aisément l'explication théorique de cette méthode. En pratiquant l'entaille au-dessous de la branche, on intercepte en
grande partie l'arrivée de la séve des racines, c'est-à-dire de
celle qui donne la vigueur, et par conséquent on l'affaiblit.
Au contraire, en faisant l'entaille au-dessus de la branche,
on intercepte les canaux qui porteraient la séve ascendante
dans la partie supérieure de l'arbre, et on la refoule dans la
branche trop faible à laquelle on veut donner de la vigueur.
Les deux effets que nous venons d'analyser, pour ce qui
concerne la séve ascendante, exercent en même temps une
action analogue sur la marche de la séve descendante. Dans
le cas de l'incision inférieure à la branche, on intercepte une

partie des conduits qui permettaient à la séve des feuilles
de descendre aux racines ; on la refoule par conséquent
dans la branche gourmande ; on y augmente donc la proportion de séve fructifiante, en même temps qu'on diminue
celle de la séve qui donne de la vigueur ; on féconde ainsi
la branche en même temps qu'on l'affaiblit. Par un effet
contraire, l'entaille supérieure, en faisant affluer plus abondamment la séve des racines dans la branche, y fait prédo-
miner la vigueur sur la tendance à fructifier, détermine la
transformation en branches à bois des rosettes, des lambourdes qui sans cela eussent donné des fruits, et refoule la
séve des feuilles dans la partie supérieure à l'entaille, où
cette séve va tendre à augmenter le nombre des productions
fruitières.

Le remède d'ailleurs serait plus efficace pour arriver à
l'affaiblissement de la branche si on prolongeait l'incision
oblique jusque sous la plus grande largeur de son empâtement ; on intercepterait ainsi en plus grand nombre les canaux conducteurs de la séve ascendante, et l'obliquité de
l'incision dispenserait d'entamer profondément l'arbre. On
donne également une direction oblique à l'incision placée
au-dessus de la branche qu'on veut renforcer, parce qu'une
incision oblique affaiblit moins la branche incisée qu'une incision de même profondeur qui serait horizontale.

2. M. Dalbret propose à l'incision annulaire une modification dont il annonce avoir obtenu de bons effets pour la
fructification ; l'opération se borne à faire dans l'écorce, à
$0^m,003$ ou $0_m,004$ de distance l'une de l'autre, et sans enlèvement d'écorce, deux incisions circulaires parallèles pénétrant dans l'aubier ; l'obstacle momentané apporté au cours
de la séve ascendante détermine la pousse des yeux latents
de la partie inférieure, tandis que la séve descendante, refoulée dans la partie supérieure du végétal par cette même
incision, dispose à la fructification les bourgeons qui s'y sont

9.

développés. Or c'est là le double effet, mais amoindri, de l'incision annulaire.

Ce procédé, comme celui que nous venons de nommer, peut servir à rendre de la vigueur à la partie inférieure d'une pyramide dominée par la partie supérieure, et on obtient cet effet en même temps qu'on dispose cette dernière à donner plus abondamment de meilleurs fruits.

3. La pratique des incisions sur les écorces d'arbres fruitiers remonte à une date très-ancienne ; Pline conseille des incisions longitudinales pour aider au grossissement du tronc et des membres, et des incisions obliques sur le figuier pour empêcher les figues de couler. Roger Shabol parle des incisions longitudinales pratiquées à Montreuil, mais on ne les faisait pénétrer que jusqu'à la moitié de l'épaisseur de l'écorce, particulièrement sur les pêchers, et on les évitait même sur le côté de l'arbre exposé au midi. M. Dalbret les approuve pour renforcer les côtés faibles des arbres, et Lelieur, comme Pline, pour faciliter leur grossissement. Cette opération attire la séve vers les parties où on la pratique, tend à les faire grossir sur la ligne des incisions, à redresser leurs courbures lorsqu'on les incise du côté concave, et en général à renforcer les branches ou les côtés faibles ; elle est pratiquée en Allemagne sous le nom de *saignée*, que lui avait donné Roger Shabol. Rubens la recommande pour les jeunes arbres, en ayant soin de la faire de plusieurs côtés, depuis la naissance des branches jusqu'aux racines ; mais son principe est qu'il ne faut, comme Shabol et Dalbret, inciser l'écorce qu'à moitié de son épaisseur.

Lorsque la gelée a attaqué la tige des jeunes arbres, les incisions longitudinales y rappellent la séve, qui ne tarde pas à recouvrir d'une écorce vive les parties que la gelée avait altérées.

Il résulte de ce que nous venons de dire que les incisions longitudinales, en divisant l'épiderme, ainsi que les parties

gercées ou malades de l'écorce, y appellent un afflux de séve
qui y circule alors avec plus d'activité, parce qu'elle est
débarrassée de la pression que lui fait éprouver l'épiderme
dans les autres parties du végétal. On remarque qu'un arbre
qui grossit beaucoup fait éclater l'épiderme de l'écorce en
plusieurs points de sa circonférence ; par les incisions, la
main de l'homme prévient l'effort de la végétation ; il est
évident que la séve alors doit se porter naturellement vers
les points où elle n'a que peu ou point d'efforts à faire pour
y opérer le grossissement.

Cette opération semble convenir spécialement aux arbres
jeunes, aux branches déjà vigoureuses ; mais elle ne doit
être appliquée aux espèces sujettes à la gomme qu'avec
beaucoup de mesure, et, comme nous l'avons dit, ne pas
pénétrer au delà de la moitié de l'épaisseur de l'écorce.

4. Roger Shabol, sous le nom de *scarification*, conseille,
pour empêcher la coulure des fleurs et mettre à fruit les
arbres à pepins rebelles, de faire, au mois de mars, sur les
branches comme sur la tige, des incisions transversales pénétrant jusqu'à l'aubier et distantes entre elles de 0m,22 à
0m,33. De plus, il laisse entiers les bourgeons terminaux,
sans les tailler, et, dès l'année même de l'opération, les fleurs
sont fécondées et l'arbre se met à fruit pour les années suivantes. On conçoit que ce procédé peut s'appliquer à toutes
les formes d'arbres, mais il convient particulièrement à
ceux qui sont dirigés en gobelets, ou qui croissent à mi-
vent et en plein vent.

Rubens conseille les incisions transversales pour remplir
le même but. M. Dalbret les pratique, comme Roger Shabol,
en entamant un peu l'aubier. Ces incisions doivent généralement être faites par de beaux jours de printemps.

Nous remarquerons que l'incision *longitudinale*, ou la
saignée, a un effet opposé à celui de l'incision *transversale* ;
la première facilite l'afflux de la séve des racines, précipite

en quelque sorte sa marche dans une direction verticale, et tend par là à augmenter la vigueur de l'arbre et à diminuer sa tendance fructifère ; la seconde, au contraire, surtout quand elle pénètre jusqu'à l'aubier, arrête la séve descendante et ralentit sa marche en interrompant ses canaux ; il résulte alors de la lenteur de sa circulation et de son séjour prolongé dans les branches un travail favorable à la fructification et une diminution de vigueur.

On recommande encore les incisions longitudinales pour guérir de la gomme les pêchers et les abricotiers. Lorsqu'on voit noircir et gonfler quelques portions de peau sur un pêcher, on fait de petites incisions sur la place attaquée ; ces incisions donnent issue à la gomme qui se formait et arrêtent son expansion sur une plus grande étendue ; puis on ouvre la plaie, et on lave, s'il se peut par un temps pluvieux, qui ramollit la gomme, sinon on la détrempe en l'entourant d'un linge mouillé. Lorsque la gomme est ramollie, on nettoie la plaie, et on enlève jusqu'au vif les parties déjà frappées de mort par la maladie. Lelieur ajoute à ce traitement des incisions longitudinales plus longues que la plaie, faites derrière la branche, à peine à mi-écorce. Après avoir cru la maladie incurable, il l'a vue guérir assez souvent par ce procédé.

Lorsque la maladie est accidentelle, ces soins ont, à ce qu'il semble, du succès ; mais lorsqu'elle tient à la nature de l'individu, qu'elle est en quelque sorte constitutionnelle, ils y apportent du soulagement, mais ils ne la guérissent point. Certaines variétés de pêchers y sont plus sujettes que d'autres, et quelques individus en sont plus spécialement affectés. Il est à propos de ne point prendre de greffes sur ces sujets, et même de ne pas chercher à les propager par le semis de leurs noyaux.

Rubens annonce aussi avoir guéri par ce procédé des cerisiers et des pruniers fortement attaqués par la gomme. Il cite un propriétaire d'Argenteuil qui guérissait ses arbres de cette maladie en se bornant à frotter avec de l'oseille les plaies gommeuses, après les avoir bien nettoyées.

5. En Allemagne, ainsi que nous l'apprend Rubens, on connaît sous le nom d'*anneau de Fischer* un procédé propre à déterminer la fructification des arbres rebelles. On déchausse l'arbre jusqu'au collet des racines, et on fait à ce point une ligature très-serrée avec un fil de fer, qu'on enfonce au besoin jusqu'au bois à l'aide d'un marteau. On recouvre ensuite le tout de 0$^m$,30 à 0$^m$,40 de terre. Cette ligature fait naître au-dessus d'elle un bourrelet d'où sortent des racines qui s'irradient près de la surface, et on voit, nous dit-il, *se mettre assez promptement à fruit l'arbre auparavant infécond.*

Rubens conseille encore la même opération au-dessous de la naissance des branches. Il est facile de comprendre que toutes les ligatures fortement serrées sur une partie quelconque de l'arbre sont un moyen de refouler au-dessous d'elles la séve ascendante des racines et d'accumuler au-dessus celle qui descend des feuilles, et par conséquent d'y augmenter les chances de fructification.

## CHAPITRE V.

### Arcure des branches.

1. L'arcure des branches est un puissant moyen de faire naître des boutons à fruits ; il est indiqué par la nature. Nous voyons, dans les arbres abandonnés à eux-mêmes, les branches courbées naturellement produire beaucoup de fruits, tandis que les branches verticales ne donnent que des boutons à bois.

La courbure des branches comme moyen de forcer la
fructification est depuis longtemps employée ; les chartreux,
à Paris, courbaient les branches de leurs arbres en gobelets.
Rosier a lui-même beaucoup recommandé ce procédé, et
Cadet de Vaux, au commencement de ce siècle, a voulu
proscrire la serpette et réduire toute la taille des arbres à
la courbure de leurs branches.

Cette pratique est très-répandue en Angleterre. Lindley
regarde l'arcure comme un des moyens les plus utiles et les
plus efficaces pour déterminer la fructification. Knight l'a-
vait adoptée et appliquée aux arbres de son jardin. Banks,
naturaliste distingué, compagnon du capitaine Cook, l'a
employée avec le plus grand succès.

Il en a été de ce procédé comme de beaucoup de choses
nouvelles, lorsqu'elles tombent entre les mains de quelques
enthousiastes ; ils les vantent outre mesure, exagèrent leurs
avantages et en veulent faire partout l'application ; ils se
créent ainsi des sectateurs parmi le grand nombre des gens
disposés à partager une opinion prônée avec enthousiasme :
il en résulte de l'engouement, puis un emploi inintelligent
du procédé, et, lorsqu'il ne remplit pas toutes les espérances
exagérées qu'on en avait conçues, on le blâme, on le dédaigne,
et on cesse bientôt de l'appliquer alors même qu'il pourrait
être très-utile. Il en a été de l'arcure comme des acacias :
l'acacia devait remplacer tous les bois, servir à tous les usages, satisfaire tous les besoins ; on a voulu en avoir partout,
mais il n'a réussi que dans certaines positions, dans certains
sols qui lui étaient favorables. Son insuccès partout ailleurs
l'a complétement discrédité ; on l'a donc autant dédaigné
qu'on l'avait auparavant préconisé ; il n'en est cependant pas
moins vrai que, dans les terrains qui lui conviennent, c'est
un excellent bois, qui mérite tous les éloges qu'on en avait
faits. Une semblable réaction a eu lieu contre l'arcure, après
la vogue extraordinaire que lui avait donnée Cadet de Vaux ;

mais nous pensons que nos professeurs actuels d'arboriculture la déprécient beaucoup trop, comme on l'avait beaucoup trop vantée. Examinons les défauts qu'on peut lui
reprocher.

Et d'abord, dit on, lorsqu'on veut l'appliquer à toutes les
branches d'un arbre, il est difficile, si on ne leur donne pas
en les courbant la direction verticale, d'éviter la confusion ;
ensuite les branches verticales qui naissent au point de la
courbure tendent à s'emporter et déforment l'arbre; enfin la
courbure l'énerve et le fait périr avant le temps.

Des faits nombreux peuvent être opposés à cette triple
objection.

Nous citerons en premier lieu l'expérience des Anglais,
chez lesquels l'horticulture est en honneur dans toutes les
classes : or, depuis longtemps ce procédé y est répandu ; les
faits publiés par Knight et Banks datent de plus d'un demi-
siècle, et il faut que l'expérience soit bien en sa faveur pour
que Lindley, dont l'ouvrage est assez récent, lui ait rendu le
témoignage que nous venons de rapporter ; on l'y applique
même beaucoup aux espaliers, forme très en usage en Angleterre, où on a besoin, pour amener la plupart des fruits à
maturité, de moyens artificiels, de chaleur et d'une bonne
exposition ; on l'y applique aussi aux arbres en plein vent.

Pour soumettre à la courbure un arbre déjà formé,
Lindley conseille de ficher en terre, à quelque distance de
son pied, afin de donner aux branches l'évasement nécessaire, des piquets auxquels on attache en les arquant les
membres formant le premier étage; le deuxième étage se
fixe au premier; on attache successivement les membres
les uns aux autres, et on obtient ainsi une espèce de dôme qui
se couvre de fruits. Lindley fait cependant à l'arcure le re_
proche de trop exposer la surface fructifiante au rayonnement,
aux fraîcheurs des nuits, et aux avaries qu'elles entraînent ;
malgré cet inconvénient, il reconnaît que les arbres dirigés

de cette manière produisent plus de fruits que ceux qu'on conduit par les méthodes ordinaires.

On a réussi à obtenir des rosiers, par l'arcure, une floraison très-abondante, et nous pensons que cette méthode convient très-bien à certaines variétés de rosiers Bourbon, dont les branches deviennent un embarras par leur grand développement et portent trop loin leurs fleurs.

Sans rappeler les expériences de Cadet de Vaux, qui a nui au procédé en le prônant outre mesure, nous citerons les pyramides arquées du potager de Versailles, dirigées par M. Massé ; elles conservent une grande vigueur, se chargent tous les ans de fruits par centaines ; leur forme même nous a semblé plus symétrique, plus régulière que celle des pyramides conduites dans les meilleurs systèmes de taille. Quoique donnant depuis longtemps de belles récoltes, on ne voit pas qu'elles soient près de leur fin, et quand même il arriverait qu'une carrière non interrompue de production diminuât d'un quart peut-être la longévité des arbres, il est facile de leur trouver des successeurs. D'ailleurs il est si agréable de voir les arbres se mettre à fruit dès leur jeunesse et en donner tous les ans que nous ne croyons pas que ce défaut de longévité, si tant est qu'il existe, doive suffire pour faire proscrire ce moyen, comme le voudraient, pour ainsi dire, des arboriculteurs cependant fort habiles.

D'ailleurs nous voyons des pommiers, des poiriers et des arbres fruitiers de toute espèce, en plein vent, dont les branches, par suite de leur production annuelle, se sont courbées en arc d'une manière qui ressemble beaucoup à la courbure artificielle, et cependant ils ne périssent pas. Enfin nous citerons encore certaines variétés de vignes dont l'existence est très-longue, bien qu'elles ne se conduisent que par archets superposés les uns aux autres ; cependant ce système d'archets superposés s'appliquerait difficilement aux différentes formes d'arbres fruitiers, surtout à ceux qui sont dirigés en pyramides.

2. *Pratique de l'arcure.* — Il faut, avant d'appliquer la courbure aux arbres, attendre plusieurs années, jusqu'à ce que leurs branches aient pris un certain développement, et les avoir conduits de manière que les membres inférieurs aient plus d'étendue et de force que les supérieurs. Pour éviter la confusion, on pratique alors l'arcure en amenant la branche à courber du dedans au dehors de l'arbre, de manière à ce qu'après lui avoir donné la position voulue elle soit tout entière, autant que possible, dans la direction des rayons qui partiraient de la tige, soit, si l'on veut, dans un plan vertical passant par son point d'attache et le centre de cette tige. Par ce moyen on évite le croisement des branches et par conséquent la confusion. On maintient en-suite la courbure des branches à l'aide de fils qui les atta-chent aux membres inférieurs, dont le premier étage est fixé, comme nous venons de le dire, à des piquets placés dans le sol ; le fil ne les lie pas immédiatement à la bran-che inférieure ; on laisse entre elles un espace qui permet l'accès de l'air et du soleil et le prolongement du bourgeon terminal supérieur. Si l'arbre a une vigueur exubérante, on laisse intact le bourgeon terminal des branches courbées, sinon on en retranche une partie. Les bras courbés peuvent se prolonger au moyen de la distance laissée entre eux et de l'évasement qu'on a donné à leur courbure. Il suffit d'ail-leurs que la nouvelle position soit maintenue pendant une ou au plus deux saisons ; une fois le pli bien pris, elle per-siste, et les piquets, ainsi que les liens d'attache, deviennent inutiles.

Lorsqu'on applique cette méthode aux pyramides, on courbe successivement les branches en montant, après leur avoir laissé prendre pendant un an tout leur développement, et on courbe le bourgeon terminal de la tige elle-même, lorsque l'arbre a atteint la hauteur à laquelle on veut le maintenir.

La disposition arquée de la branche fait naître des bourgeons verticaux au sommet de la courbure ; on les pince sévèrement dans le cours de la saison ; on casse au moment du repos de la séve, ou au mois de septembre, ceux qui ont repoussé sur les sous-yeux. On favorise au contraire la pousse et la vigueur de l'un d'eux lorsque la branche courbée s'est épuisée à rapporter des fruits. Si dans la première année le bourgeon réservé n'a pas pris un développement suffisant, on le laisse pousser verticalement, sans lui rien retrancher, pendant une seule année, après laquelle on supprime la branche usée et on courbe celle qui doit servir à son remplacement.

Lorsqu'on veut, dans le cours de la saison, maîtriser par la courbure, sur un arbre quelconque, la vigueur d'un gourmand ou d'une branche trop forte, il faut attendre qu'elle ait pris assez de consistance pour pouvoir être courbée sans se briser. Dans l'année même, si la courbure est faite de bonne heure, on voit quelquefois se former des boutons à fruits à la fin de la saison, mais on en obtient plus sûrement en courbant les branches de l'année précédente.

Si on ne rabattait pas de temps à autre le bourgeon terminal d'une pyramide sur un bourgeon inférieur, elle s'élèverait progressivement, par les tailles successives, de manière à rendre difficiles les soins à lui donner. En arquant les bourgeons de la flèche, on peut la contenir, la restreindre même à une moindre dimension, et on y gagne des fruits, une forme plus commode et plus de vigueur dans le bas de la pyramide.

3. Les remarques que nous avons faites, en traitant de l'incision annulaire, sur la marche des deux séves, peuvent servir à expliquer l'effet de la courbure des branches sur la fructification.

Dans le sommet de l'arc, l'écorce et les couches du liber qui servent de canal à la séve descendante sont comprimées. Son passage pour aller de l'extrémité de la branche courbée aux racines est donc en partie intercepté ; elle se concentre donc spécialement dans les portions de la branche qui forment la courbe. D'autre part, par le resserrement et la compression des couches d'aubier conductrices de la séve produite par les racines, cette séve se trouve refoulée dans le reste de l'arbre, en sorte que, dans la partie de la branche située au delà de la courbure, la séve fructifiante est presque seule à exercer son action. En outre, bien que la séve descendante, en vertu de la force vitale, se porte naturellement aux racines, cependant la loi de la gravité, qui n'est pas détruite, contre-balance cette tendance et concourt encore à retenir dans la branche courbée, au delà de la courbure, la séve fructifiante.

Ainsi donc la verticalité ou l'inclinaison des branches modifie remarquablement la marche des deux séves ; la direction verticale d'une tige ou d'une branche favorise le mouvement normal des deux séves ascendante et descendante, parce qu'elles suivent sans entraves leur direction naturelle ; la direction verticale est donc éminemment favorable à la vigueur de l'arbre, et, par suite, contraire à la fructification.

Lorsque la branche est inclinée, la marche ascendante de la séve d'élongation se trouve contrariée : la vigueur s'affaiblit donc. D'un autre côté, le cours de la séve des feuilles vers les racines est ralenti : la position inclinée est donc déjà favorable à la fructification. Lorsque la branche est horizontale, la séve des racines s'en trouve en quelque sorte écartée et détournée, dans sa marche ascendante verticale naturelle, dans le même rapport que la séve des feuilles s'y trouve maintenue et contrariée dans sa marche descendante vers les racines, double circonstance favorable à la fructification. C'est sur ce principe qu'est basée la taille des palmettes, dans lesquelles effectivement les chances de fructification sont en quelque sorte doublées par la position donnée à leurs membres.

Enfin, si la branche est amenée au-dessous de la direction horizontale, on voit s'accroître encore très-sensiblement les chances de fructification.

Dans ces considérations se trouverait en quelque sorte renfermée toute la théorie de la taille ; l'art consiste essentiellement, dans un arbre formé, à donner à la séve fructifiante la prépondérance sur celle d'élongation, à produire par là une grande abondance de fruit, tout en conservant cependant au végétal sa forme et une vigueur suffisante pour lui faire acquérir une étendue convenable et pouvoir renouveler au besoin les branches fatiguées par la production du fruit.

## CHAPITRE VI.

### Mise à fruit des sujets de semis.

Les semis doivent généralement être faits aussitôt après qu'on a recueilli le pepin ou le noyau : c'est le moyen de les voir mieux réussir ; les noyaux, comme les pepins, semés de bonne heure, sont, sans doute, exposés aux déprédations des rats et autres rongeurs, qui les dévorent ; mais, malgré cet inconvénient, nous avons toujours vu les semis hâtifs réussir mieux que les semis faits tardivement, alors même qu'on les avait stratifiés pendant l'hiver. Les sujets provenant de semis d'arbres à noyau peuvent être transplantés dès la première année ; mais il vaut mieux ne lever les plants d'arbres à pepins qu'à la fin de la seconde, époque à laquelle il est plus facile de faire choix des sujets de meilleure apparence.

Le premier soin à prendre pour hâter leur fructification, en les plantant dans la pépinière où on doit attendre leur mise à fruit, consiste à retrancher leur pivot et à écourter légèrement les racines qui restent ; le léger retard qui en résulte se trouve compensé, et au delà, parce qu'on affaiblit ainsi leur disposition naturelle à s'emporter verticalement.

Leurs premières pousses, quoique provenant de fruits améliorés par la culture, ont presque toujours l'aspect de celles des sauvageons ; elles sont hérissées d'épines, couvertes de feuilles petites et minces, et portent des bourgeons longs et petits ; mais, aux pousses des années suivantes, petit à petit les bourgeons grossissent, les feuilles s'étoffent, les épines s'allongent et sont souvent remplacées par des dards, avant-coureurs de fructification ; les rosettes deviennent plus nombreuses, ainsi que les feuilles qui nourrissent leurs boutons. On voit ainsi ces sujets passer, dans leurs pousses successives, de l'enfance à l'âge adulte, et arriver de l'état sauvage à celui de civilisation.

Nous pensons que, lorsqu'on fait des retranchements à ces arbres, il faut éviter de leur ôter la pousse entière d'une année, parce que celle que donneraient les bourgeons venus sur le bois de l'année précédente perdrait en partie l'avantage d'avoir une année de plus.

L'arcure peut s'appliquer très-utilement à hâter la fructification des arbres de semis ; mais il est essentiel de ne courber que les branches latérales et de laisser à la flèche de la tige son libre développement. Lorsque, dès les premières années, on courbe la tige en même temps que les branches, on n'obtient qu'un buisson confus, et on recule la fructification au lieu de l'avancer. En laissant au contraire la tige suivre librement la direction verticale, et en courbant les branches qu'elle produit, pour les faire rayonner symétriquement autour d'elle, on facilite, en raison de leur position, l'action des influences atmosphériques dont elles ont besoin pour fructifier.

On laisse développer l'un des bourgeons qui poussent sur le sommet de ces arcs, et, lorsqu'il a pris une consistance ligneuse, on l'arque à son tour, en ayant soin, pour éviter la confusion, de le courber dans le même plan que la branche qui lui a donné naissance. Le nouveau bourgeon courbé est en quelque sorte anticipé d'une année, parce qu'il est dû à un œil qui ne se serait ouvert que l'année suivante si la branche n'eût pas été soumise à l'arcure. Si l'arbre était assez vigoureux pour que ce second bourgeon en donnât un troisième avant la fin de l'année, on courberait encore ce dernier.

On hâte encore la mise à fruit de ces jeunes sujets si, dès la troisième ou quatrième année, on leur applique l'incision annulaire. On peut la répéter tous les ans, pourvu qu'on ait soin de la faire étroite, et nous pensons que son effet est plus prompt si chaque année on la pratique sur la tige au-dessous de la pousse de l'année précédente.

Lorsque, par suite du temps écoulé, de l'arcure des branches, des incisions annulaires annuellement répétées, le jeune arbre commence à annoncer par ses rosettes qu'il approche de l'âge adulte, et que son élévation atteint trois ou quatre mètres, on peut alors courber l'extrémité de la tige elle-même, plus disposée à fructifier que le reste des branches, parce qu'elle appartient tout entière à la végétation de la dernière année, plus près de la maturité que les branches anciennes.

Nous pensons qu'au moyen de ces divers procédés il est peu d'individus de semis, surtout si on les greffe sur des sujets venus de boutures ou de drageons plutôt que de semis, qui fassent attendre leurs fruits plus de sept ou huit ans, et que la plupart même devanceront ce terme. On gagnerait

encore plus de temps en greffant un bourgeon du jeune
sujet sur les branches latérales d'un jeune arbre actuellement en produit ; pour pratiquer ces greffes on prendrait
des dards ou promesses de lambourdes, si le sujet en a
poussé, plutôt que des branches à bois.

Lorsqu'on ne peut ou ne veut ni consacrer beaucoup de
temps ni donner un grand développement à ses expériences,
on peut, dans son jardin, choisir de jeunes arbres d'espèces
fécondes actuellement en produit, ayant la forme de pyramides ou mieux encore de buissons, et dont la vigueur est
amortie. Sur chacune de leurs branches on place des greffes de sujets de semis de bonne apparence. On surveille
ces greffes individuellement, et on leur applique les divers
procédés de mise à fruit que nous venons d'indiquer. On
peut ainsi, sur un petit espace, multiplier les expériences.
Il serait même facile d'augmenter l'intérêt en greffant sur un
même arbre, ainsi que nous l'avons fait nous-même, divers
sujets de semis d'une même espèce ; on emploierait la greffe
Miller de Thouïn, dont nous parlerons plus tard, plutôt que
celle en écusson, parce que la première peut se faire avec
des dards et des lambourdes pendant presque toute la
saison.

Les sujets de semis, donnant tous des variétés différentes, ne fourniront pas leurs fruits au bout d'un même
espace de temps, et, quelles que soient les méthodes employées, les fruits d'un individu vigoureux se montreront
plus tard que ceux des sujets doués d'une vigueur ordinaire ; mais il ne faut pas perdre patience. Van Mons nous
apprend que les fruits des arbres qui se mettent tard à fruit
sont souvent préférables à ceux des sujets qui s'y mettent
plus promptement.

M. Sageret propose, d'après sa propre expérience, une
autre conduite pour les arbres de semis ; il admet, comme
base de son système, le pincement répété des bourgeons

principaux de ses sujets. Il pense qu'on hâte la fructification en multipliant les ramifications. Il a observé qu'en
abandonnant les arbres à eux-mêmes ce n'est qu'à la huitième ou dixième ramification que les fruits se montrent,
d'où il a conclu qu'en faisant naître dans une seule année
plusieurs ramifications il avancerait d'autant la fructification. Le premier pincement fait ouvrir des yeux qui sans
cela ne s'ouvriraient que pendant la saison suivante et
donne un bourgeon avancé en quelque sorte d'une année;
le pincement de ce bourgeon anticipé d'un an donne des
bourgeons qui ne se fussent développés que deux ans plus
tard, et ainsi de suite; de telle sorte que ce procédé vieil-
lirait ou avancerait, en quelque sorte, de un, deux et trois
ans, suivant le nombre des bifurcations, les dernières
pousses du sujet dont on veut obtenir du fruit. Il s'aide encore, pour atteindre plus sûrement son but, de l'incision
annulaire, de l'arcure, de la ligature et même de l'entaille.

On peut dire, pour prouver la bonté de ce procédé, qu'il
réussit à avancer la fructification des melons; en général,
les fruits ne commencent à y paraître que sur les troisièmes
bifurcations; si on laisse allonger leurs premières pousses,
les deuxième et troisième bifurcations se produisent plus
tard, et les melons arrivent alors après la saison où ils sont
le plus agréables; en hâtant par la taille le développement
des bifurcations on accélère la formation des ramifications
fructifères. Il reste cependant une grande difficulté à vaincre pour en obtenir des fruits hâtifs. On arrive bien, nous
le pensons, par la taille, à hâter la floraison, mais les premières fleurs donnent assez rarement des fruits, et on n'en
obtient guère que d'une seconde floraison. Mais n'y aurait-
il pas un moyen de forcer les premières fleurs à se nouer?
L'un de nos frères y est parvenu sur tous les pieds d'une
melonnière assez étendue. Elle ne tiendrait ni à la saison, ni
au climat, puisque des melonnières contiguës, repiquées

plus tôt que la sienne, ont donné leurs fruits trois semaines plus tard. Il pense qu'elle pourrait être attribuée à ce qu'il a donné à chaque melon une très-faible portion de terreau, tant en épaisseur qu'en largeur. Sa melonnière était placée dans une terre de jardin fortement argileuse, mais de bonne qualité, dont la surface avait été paillée après avoir été bêchée. Les melons ont d'abord poussé assez vivement dans l'espace garni de terreau ameubli donné à chacun d'eux; lorsque leurs racines ont eu atteint la terre argileuse du jardin, il y a eu une espèce de temps d'arrêt; la séve des racines s'est affaiblie, la pousse s'est arrêtée; la séve fructifiante a pris la prépondérance, les fruits se sont noués, et bientôt après les racines ont pénétré dans la terre argileuse qui les avoisinait, et les plantes ont donné plus tard une seconde récolte. Le raisonnement expliquerait donc d'une manière plausible cette fructification précoce, mais le procédé a toutefois besoin d'être répété pour pouvoir être regardé comme d'un succès assuré. L'analogie n'est sans doute pas complète entre l'arbre, vivace et de longue vie, et le melon, plante annuelle et de courte durée. Et puis nous devons regarder les bifurcations obtenues comme des bourgeons anticipés qui, comme on le sait, sont peu disposés, dans les arbres fruitiers, à donner du fruit. Cependant M. Sageret annonce avoir réussi en multipliant hâtivement ses bifurcations, ce qui justifierait suffisamment sa méthode. Nous la proposons donc, sans lui accorder ni lui contester la préférence sur celle que nous indiquons et que nous suivons; d'ailleurs la méthode que nous avons proposée, l'arcure des bourgeons verticaux qui poussent sur la courbure des branches, produirait un résultat analogue à celui du pincement des bourgeons.

Mais, pour économiser le temps et le travail, il est essentiel de ne donner des soins qu'à des sujets dont l'aspect promet de bons résultats, et qu'il faut choisir parmi ses in-

dividus de semis. Van Mons était parvenu à deviner en
quelque sorte l'avenir de ses sujets dès leur plus jeune âge ;
c'est à ce tact, à ce qu'il semble, qu'il a dû le nombre considérable de fruits remarquables qu'il a obtenus. C'est, je
pense, faire chose utile que de résumer les caractères que,
dans son ouvrage trop peu connu, il indique comme propres
à faire distinguer les sujets sur lesquels on peut fonder des
espérances.

## CHAPITRE VII.

### Indices de bon augure chez les sujets de semis.

On doit diviser ses sujets de semis en deux catégories,
l'une composée des sujets dont l'apparence promet de bons
résultats, l'autre des sujets destinés à la greffe. Les choix,
comme la transplantation, ne doivent se faire que dans la
seconde année.

Le poirier sur lequel on peut fonder des espérances porte
bien son bois et montre une vigueur modérée ; ses pousses,
de grosseur et de longueur moyennes, se relèvent par une
courbure vers le haut ; elles cassent facilement, sans es-
quilles, éclatent sans cohésion ; leur écorce est brillante,
lisse, douce au toucher, mouchetée par places, diversement colorée en brun, en noisette, en gris ou en rouge ac-
compagné de duvet ; les épines, longues, distribuées avec
symétrie, se montrent, sur toutes les natures de bois, garnies d'yeux saillants sur toute leur longueur ; les feuilles
sont frangées, peu épaisses, bien distribuées, à longs pétioles, lisses, luisantes, d'un vert pur, foncé, gardent une
position inclinée plutôt que verticale et se développent tard.

Les sujets de peu d'espérance se distinguent à leur bois menu, court, non coudé, blanchâtre, grisâtre, rouge sans duvet; leurs yeux sont petits, aigus, placés à la surface ; les épines courtes, garnies de peu d'yeux ; les feuilles, petites, rondes, à pétioles courts, peu dentelées, tremblantes, pâles à la surface supérieure, blanchâtres à l'inférieure, se développent hâtivement. Un bois gros et des feuilles larges caractérisent souvent un arbre qui donnera de petits fruits hâtifs.

Les caractères de bon augure sont moins tranchés dans le pommier que dans le poirier, et ils annoncent de bons fruits avec des formes bien différentes les unes des autres.

Les pêchers dont on peut attendre des résultats favorables ont les bourgeons gros, les feuilles larges, dentelées ; les mauvais se reconnaissent à un bois grêle, à des feuilles étroites et peu dentelées.

Ces caractères semblent communs à l'abricotier; cependant Van Mons annonce avoir recueilli de bons fruits de ces deux espèces sur des arbres de toutes les formes. Il les croit arrivées à peu près à la perfection qu'il leur est donné d'atteindre. Cependant nous pensons que, dans chaque contrée, une étude suivie de leurs semis pourrait encore donner d'heureux résultats ; pour cela, on sacrifierait sans hésiter, dans les rangs qu'on formerait avec les jeunes sujets, les arbres les plus délicats, ceux qu'atteindraient la gomme, la cloque ou la gelée. En même temps qu'on rechercherait les fruits de bonne qualité, on ferait en sorte d'obtenir des variétés qui craignissent peu les intempéries du climat et fussent peu sujettes à la gomme et à la cloque; on s'attacherait encore à en trouver qui fructifiassent sur des lambourdes. Il existe, parmi les espèces cultivées, plus d'une variété qui pousse de ces petits bourgeons lambourdes qui durent presque autant que ceux des arbres à pepins. Nous avons perdu un pêcher en plein vent qui se distinguait par cette qualité et dont les branches restaient garnies sur toute leur longueur ; on peut donc espérer de posséder un jour des pêchers qui, quoique plantés en plein vent, auraient de la durée et redouteraient peu les intempéries. Lorsqu'on serait arrivé à des résultats plus ou moins satisfaisants, on propagerait ces variétés par la greffe ; on travaillerait à les améliorer et à les fixer en quelque sorte par des semis successifs faits avec les graines des sujets chez lesquels les qualités cherchées se montreraient avec le plus d'intensité, et on pourrait arriver ainsi à des races qui se propageraient en quelque sorte sans avoir besoin de la greffe. D'ailleurs les résultats se font beaucoup moins attendre pour les fruits à noyau, et surtout pour les pêchers, que pour les fruits à pepins, puisqu'un sujet provenant d'un noyau de pêche est souvent, au bout de trois ans de semis, apte à porter du fruit.

Le prunier, de même que le poirier, serait encore plus loin de la perfection que le pêcher et l'abricotier ; pour cette espèce, un bois fort et des feuilles larges sont de mauvais augure ; c'est l'opposé, on le voit, du pêcher et de l'abricotier.

Telle est l'analyse des caractères donnés par Van Mons comme devant guider dans le choix des jeunes sujets sur lesquels on peut baser ses espérances.

Van Mons est, sans comparaison, l'auteur qui a le plus et le mieux étudié les arbres fruitiers ; doué d'une faculté remarquable d'observation, il les a suivis de près pendant un demi-siècle ; son ouvrage est un dépôt précieux de faits et de systèmes dans lesquels il faut cependant savoir choisir. Au milieu de nombreuses idées justes sur la culture et la conduite des arbres, surgissent assez souvent des idées excentriques sur l'arboriculture et sur une foule de questions d'histoire naturelle, fruits de sa vive imagination. Son style, moitié flamand, moitié français, est parfois obscur, et on n'est pas toujours sûr de le bien comprendre. Il serait grandement à désirer qu'un Flamand en fît une traduction française : ce serait alors assurément un des meilleurs ouvrages d'arboriculture.

# CHAPITRE VIII.

## Mise à fruit par la greffe.

Certains arboriculteurs avaient proposé de greffer en écusson les boutons à fruits sur les arbres stériles pour en obtenir des produits ; on a donné à cette greffe le nom de *greffe Girardin*, sans indiquer ni la saison dans laquelle il convient de la pratiquer, ni les procédés propres à assurer son succès. Plus anciennement, Cabanis avait proposé de substituer, au moment du départ de la séve, à un œil à bois un œil à fruit. Cette idée semblait être restée dans le vague et on ignorait généralement les moyens de la mettre à exécution ; les ouvrages spéciaux sur la matière n'en faisaient point mention. Cependant nous apprenons qu'en 1838 M. Marc, jardinier des environs de Rouen, a exposé des poires provenant de boutons à fruit greffés l'année précédente, et qu'il a reçu une médaille à ce sujet. Ce fait ne semble pas avoir eu de suite, et il est resté inconnu dans la plus grande partie de la France.

Quoi qu'il en soit, M. Luiset, jardinier à Écully, près Lyon, praticien instruit et très-habile, après des expériences répétées sur les procédés à suivre et la saison la plus convenable pour réussir dans la pratique de cette greffe, est arrivé à la rendre plus facile.

Pour l'exécuter, à la fin d'août ou au commencement de

10.

septembre, alors que la séve permet encore à l'écorce de se détacher facilement de l'aubier, il greffe en écusson, sur la tige et sur les branches bien constituées de l'arbre dont il veut obtenir du fruit, de petits bourgeons portant un bouton à fruit. Au printemps suivant, ces bourgeons épanouissent leurs fleurs et fructifient comme s'ils n'eussent point quitté l'arbre mère. Cette greffe n'est plus désormais à l'état d'essai ; chez lui, depuis quatre ans, il la pratique avec un succès toujours croissant ; l'année dernière il en a fait dans son jardin près de 2,000 qui, presque toutes, ont réussi, et il est à remarquer que, chez la plupart des amateurs et même des jardiniers des environs de Lyon, elle a été adoptée avec empressement et succès.

Pour pratiquer sa greffe, M. Luiset taille, avec un instrument bien tranchant, son dard ou petit bourgeon, portant un œil à fruit, en biseau allongé de 0$^m$,02 ou de 0$^m$,03 ; il fait ensuite sur l'écorce de son arbre une incision en T comme pour la greffe en écusson, insère son petit bourgeon sous l'écorce soulevée, fait une ligature serrée afin que le biseau s'applique bien exactement sur la convexité de l'aubier du sujet, et enduit enfin le tout d'une bouillie faite avec de la terre ou de l'onguent de Saint-Fiacre.

Ces bourgeons donnent du fruit l'année suivante et se chargent ultérieurement de bourses qui produisent des boutons fructifères pendant plusieurs années successives. Plus vigoureux que sur l'arbre dont on les a détachés, en raison de la vigueur du sujet auquel ils ont été unis, ils produisent même de petites branches qui conservent les dispositions favorables de celle qui leur a donné naissance.

Lorsque M. Luiset veut prendre sur un arbre des boutons ou bourgeons à fruits sans le priver de ceux qu'il porte et qui se trouvent placés convenablement, il choisit, à l'époque de la taille, quelques branches inutiles à sa charpente et les soumet à la courbure ; elles se chargent le plus souvent, pendant la saison, de nombreux boutons et bourgeons à fruits, tels qu'il les lui faut pour ses greffes. Nous ne serions pas eloigné de penser qu'en multipliant cette greffe sur un arbre rebelle on finirait par le déterminer à se mettre lui-même à fruit; d'ailleurs, s'il résistait, l'arcure et au besoin l'incision annulaire achèveraient de l'y contraindre.

Cette greffe diffère, par la saison où elle se fait, par la nature du bourgeon inséré et par le but qu'elle remplit, des greffes de côté que décrit Thouïn dans sa *Monographie*, et de la *greffe Girardin* de M. Du Breuil. M. Luiset greffe le bourgeon à fruit aussi bien que le bouton; il a précisé le moment du déclin de la séve comme l'époque la plus convenable pour sa réussite; il l'a étendue et popularisée, et en a fait un moyen de fructification pour les arbres stériles : son nom doit donc lui rester attaché, pour la distinguer de la greffe Girardin, qui est plus spécialement la greffe en écusson d'un bouton à fruit.

Mais ne pourrait-on pas, à la même époque, greffer des bourgeons à bois aussi bien que des bourgeons à fruits ? C'est d'ailleurs la saison où l'on pratique avec chances de succès les greffes en fente d'automne et celles à œil dormant; la greffe Luiset ne diffère de celle en écusson que par l'insertion d'un œil à fruit ou d'un bourgeon fructifère au lieu d'un œil à bois. On concevrait difficilement que l'organisation, quoique spéciale, il est vrai, du bourgeon à fruit pût en assurer la reprise, tandis que celle du bourgeon à bois s'y refuserait; si elle reprenait aussi bien, ou comprend qu'elle pourrait dans beaucoup de circonstances remplacer avec avantage la greffe en fente ; elle ne mutile pas le sujet, qui peut être greffé en fente au printemps suivant, si la greffe avec le bourgeon n'a pas réussi. Elle pourrait ensuite se pratiquer sur des sujets de moindres dimensions que la greffe en fente, et sur de plus gros que celle en écusson. Sa reprise étant assurée au moment du départ de la séve du printemps, elle se développerait sans montrer l'hésitation qu'on rencontre dans beaucoup de greffes en fente, et sans craindre autant qu'elles les gelées, les pluies et les intempéries du printemps. Au bout de l'année, elle serait par conséquent plus avancée que ces dernières ; en outre, elle recouvrirait aussi facilement la plaie faite au sujet que la greffe en écusson, et plus facilement que la greffe en fente ; enfin rien n'empêcherait que, si des bourgeons d'une certaine longueur venaient à manquer pour pratiquer la greffe en approche *Jard*, on ne recourût à la greffe *Luiset* pour remplir les vides qui se seraient formés sur les arbres et pour fournir les branches verticales de l'espalier. Elle pourrait être employée pour les arbres à noyaux aussi bien que pour ceux à pepins ; la plaie qu'on leur ferait serait la même que celle qu'entraîne la greffe en écusson ; elle hâterait plus que cette dernière le développement du sujet greffé et ne semblerait pas devoir l'exposer davantage à la gomme.

Ces diverses questions nous semblent résolues affirmativement par le succès d'un autre procédé de greffe que nous allons décrire.

Cette greffe, avons-nous dit, s'est beaucoup répandue dans les environs de Lyon, mais elle n'est praticable qu'au moment de la séve d'août, qui ne se fait pas sentir tous les ans : on a donc tenté de la remplacer par la greffe en fente au mois d'octobre. Un jardinier dont nous regrettons d'ignorer le nom a exposé l'année dernière, à Lyon, des branches nombreuses, chargées de fruits, greffées en fente l'année précédente. Il applique ses greffes comme à l'ordinaire, les couvre, sans nécessité peut-être, avec une petite enveloppe de papier ; au printemps les fleurs se développent comme si les branches n'avaient subi aucune opération. C'est donc là un nouveau moyen de mettre à fruit les arbres stériles. Ce procédé a été imité, et madame Frémion, entre autres, femme d'un des meilleurs jardiniers de Bourg, a couvert plusieurs quenouilles rebelles de greffes en fente au mois d'octobre dernier ; ces greffes ont passé l'hiver sous leur abri de papier, et elles développent leurs fleurs dans ce moment.

Mais il est une autre greffe peu usitée en France, et qui serait peut-être un moyen plus facile encore de faire cesser la stérilité des arbres fruitiers. Cette greffe, très-pratiquée en Allemagne et en Angleterre, et à laquelle Thouïn a donné le nom de *greffe Miller*, a beaucoup d'analogie avec la greffe Luiset ; ce qui constitue leur différence, c'est que la greffe Miller n'est autre chose que la simple juxtaposition de l'œil ou du bourgeon sur une portion à peu près similaire d'aubier mis à découvert par l'enlèvement de l'écorce soulevée. Il s'ensuit que cette greffe peut se faire lorsque la séve n'est point en circulation, et c'est même le moment où sa reprise est le plus assurée.

M. Buget, arboriculteur aussi instruit qu'habile et dévoué, qui avait vu pratiquer cette greffe en Allemagne, l'a importée dans notre pays et en a fait de remarquables applications, particulièrement sur des pommiers, dans un jardin de Neuville-les-Dames.

La pomme est un fruit qui appartient plus au Nord qu'au Midi ; en Allemagne donc on l'a beaucoup plus multipliée qu'en France, et on en compte de nombreuses variétés. Il a apporté ou fait venir de ce pays des greffes des meilleures, et il en a greffé cent cinquante sur un seul pommier ; l'arbre, dirigé en buisson, porte sur chacune de ses petites branches une variété de pommes ; ces variétés montrent cette année en grand nombre leurs fruits à côté les uns des autres, et un seul arbre réunit une collection presque complète des meilleures pommes connues. On objecte que les plus vigoureuses opprimeront les plus faibles ; mais il nous semble qu'en contenant les premières par un pincement rigoureux on pourra conserver longtemps cette intéressante collection.

Sur une quenouille de petite dimension il a greffé de même une centaine de variétés de poires ; mais la collection sera plus difficile à mener à bien et à maintenir que celle des pommes, parce que les poiriers se mettent plus difficilement à fruit et que leurs pousses sont plus dissemblables.

La pratique de cette greffe n'est pas difficile. M. Buget l'a montrée à un de ses voisins, qui, sur un seul pommier, en a placé un plus grand nombre encore que lui, sans qu'il en ait à peine manqué un vingtième à la reprise.

Mais venons à sa pratique.

On coupe le sujet ou la branche sur laquelle on veut placer la greffe comme s'il était question d'une greffe en fente ; sur l'un des côtés du sujet rabattu on taille en biseau l'écorce jusqu'à ce que l'on arrive à l'aubier, dont on découvre une surface moins large que le diamètre du scion qu'on veut greffer ; on taille son scion en biseau un peu plus étendu que la surface d'aubier mise à nu, on l'applique sur le biseau du sujet ; puis, avec un mastic qui se pétrisse facilement sous les doigts, on couvre la plaie de la greffe, du sujet, et l'extrémité du scion ; enfin, avec une tresse plate, on maintient fortement la greffe, dont la ligature elle-même garantit le point d'insertion.

Le mastic le plus convenable se compose de cire vierge qu'on fait fondre et à laquelle on allie un huitième de térébenthine. Il résulte d'essais nombreux faits par M. Buget que ces proportions sont les plus sûres et les meilleures. Ce lut a besoin d'être très-ductile ; pour lui conserver cette propriété, il faut tenir dans sa poche, pendant son emploi, la boîte ou le papier qui le renferme. Il s'applique avec les doigts, qu'il faut tenir humides pendant qu'on le manipule, et qui le réduisent aisément en une couche mince, proportionnée à l'étendue de la plaie qu'on veut couvrir. La surface qu'on veut en garnir doit être sèche, pour que le mastic y adhère solidement; lorsqu'on opère pendant la marche de la séve, on essuie immédiatement avant d'appliquer son mastic celle dont l'opération a permis l'extravasion.

Ce lut, employé d'abord en chimie, a été dès longtemps recommandé par Cabanis pour les greffes et les plaies des arbres. On y recourrait, je pense, très-utilement pour la greffe en écusson et pour couvrir les plaies des arbres délicats. Il défend efficacement les greffes contre la pluie, ne s'écaille pas, ne coule pas au soleil comme le mastic à la résine dans lequel on a mis du suif. D'ailleurs il peut s'étendre en couches tellement minces qu'il ne revient guère plus cher que le mastic à la résine, dont l'emploi nécessite un pinceau, du feu et un réchaud.

La coïncidence des deux parties qui se trouvent rapprochées est plus entière si on pratique une entaille à la naissance supérieure du biseau du bourgeon; mais, si le scion s'applique alors plus exactement sur la tranche supérieure du sujet, il perd aussi de sa force, et les vents peuvent le briser plus facilement.

Cette greffe, lorsqu'elle est faite à œil poussant, c'est-à-dire avant la Saint-Jean, a besoin d'être desserrée comme la greffe en écusson; pour le faire plus facilement, on peut se contenter de coller avec le mastic les extrémités de la tresse, au lieu d'y faire un nœud.

Rubens, que nous avons déjà cité, auteur d'un excellent traité sur toutes les parties de l'arboriculture, parle de cette greffe; il se dispense de l'enduire de mastic, auquel il supplée en la couvrant et en la serrant avec une tresse cirée. Nous adopterions volontiers ce moyen expéditif, qui d'ailleurs réussit bien : le mastic, dans les temps froids d'automne, d'hiver et de printemps, se ramollit difficilement entre les doigts; mais il faut, dans tous les cas, recouvrir la tranche découverte du sujet et l'extrémité du scion avec de la résine chaude, ou avec le mastic, qu'on ramollit au moyen d'un réchaud dont on se fait suivre.

En Allemagne, les hommes de la campagne se contentent de couvrir leurs greffes d'un papier fort, ciré avec un mastic à la résine ; ce moyen simple a sans doute du succès, puisqu'il est en usage à la campagne ; il est plus expéditif que l'application du mastic ; on pose des morceaux sur la plaie, sur la greffe, sur la tranche du sujet et sur l'extrémité du scion ; mais il est bien entendu qu'il ne dipense pas d'une ligature serrée.

M. Buget emploie cette greffe pour placer des branches partout où ses arbres montrent des vides ; pour cela il prend une branche qui porte un bourgeon latéral faisant avec elle un angle droit. Il taille en forme d'écusson la partie de cette branche qui sert de support à son bourgeon. Il enlève ensuite sur son arbre une portion d'écorce, de manière à découvrir une partie d'aubier d'une dimension correspondante à celle de son écusson, applique son bourgeon, mastique et lie sa greffe, qui reprend cependant moins facilement que lorsqu'elle est faite à l'extrémité d'une branche.

Cette greffe peut être pratiquée pendant tout le cours de la saison, ce qui nous autoriserait à conclure par analogie que la greffe Luiset pourrait réussir au printemps, et toutes les fois que la séve serait assez abondante pour que l'écorce se soulevât facilement. Effectivement, nous l'avons fait reprendre au printemps ; mais, nous devons le dire, dans un premier essai, peu multiplié il est vrai, son succès n'a été que médiocre.

La greffe Miller est aussi usitée en Belgique ; c'est celle qu'employait le plus souvent Van Mons, sous le nom de greffe par copulation. Ce nom nous semble convenir lorsque le scion et le sujet sont de même diamètre, circonstance difficile à rencontrer ; mais dans la plupart des cas, où les diamètres sont différents, elle serait mieux caractérisée par le nom de greffe par juxtaposition ou par application.

Les avantages de cette greffe nous paraissent considérables ; la greffe en fente et celle à œil dormant sont les plus communément employées ; cependant la première n'est guère applicable qu'au printemps, saison dans laquelle elle craint le froid et la sécheresse ; de plus elle mutile le sujet, et son emploi exige le transport d'un réchaud, dans lequel le mastic est souvent à une température trop élevée pour ne pas nuire à la reprise des greffes, ou trop basse pour s'attacher solidement aux parties qu'il est destiné à couvrir, et qu'il ne garantit plus alors suffisamment de l'infiltration de la pluie ou des autres agents atmosphériques.

La greffe en écusson offre le grand avantage d'une prompte exécution, mais elle ne se pratique guère avec succès qu'à la fin de l'été. Il faut pour qu'elle réussisse guetter les jours où la circulation de la séve est active, ce qui souvent n'arrive pas. La greffe par application, au contraire, est praticable pendant presque tout le cours de l'année, pendant la marche comme pendant le repos de la séve ; quelques auteurs allemands la disent même préférable à la fin de l'automne, en novembre, époque où le temps ne manque pas. En outre on peut y recourir, pour remplir un vide dans un arbre, sans avoir besoin d'un bourgeon voisin comme pour la greffe en approche. On peut encore avec elle greffer des boutons à fruits, des lambourdes et des bourgeons à bois : nous l'avons fait réussir dans toutes ces conditions ; enfin elle est d'une reprise assez facile. Elle peut être employée sur le vieux comme sur le jeune bois. Elle nous semblerait encore éminemment convenable pour placer sur un sujet pourvu de nombreuses branches déjà amenées à fruit des lambourdes de sujets de semis, afin de hâter leur fructification. Par tous ces motifs elle nous semble justifier la préférence qu'on lui accorde maintenant en Allemagne.

11

En résumé, ce serait la greffe la plus commode pour l'arboriculteur, parce qu'elle permet de greffer pendant toute la saison, sur le premier sujet venu, l'espèce ou la variété qu'on veut propager, et qu'elle se prête à toutes les destinations qu'on se propose d'atteindre avec les autres greffes. Enfin elle pourrait encore être celle du pépiniériste, qui pourrait remplacer la cire par de la résine et la tresse par l'écorce du tilleul ou le gros jonc. Toutefois cette greffe s'appliquerait difficilement à des branches d'un gros diamètre, qui portent ordinairement des écorces épaisses; car ces écorces, pour parvenir à placer sur l'aubier un bourgeon de grosseur ordinaire, devraient recevoir, dans toute l'épaisseur de leur liber, une large plaie qui pourrait s'opposer à une facile reprise.

Il serait à désirer que des expériences ultérieures vinssent décider si la greffe par application peut remplacer la greffe en flûte ou en chalumeau, jugée nécessaire sur le châtaignier, le noyer et le mûrier; cette dernière ne peut guère être employée que sur des bourgeons de l'année, au moyen de scions de même diamètre et de même âge, conditions qui ne sont pas toujours faciles à rencontrer et qui exigent des recépages qui entraînent des pertes de temps et de main-d'œuvre et nuisent à la beauté et à l'avenir de l'arbre.

Cette greffe ne semble pas réussir aussi bien sur les arbres à noyaux que sur ceux à pepins; cependant nous n'avons presque pas vu manquer celles qui avaient été appliquées à des cerisiers; celles des pruniers, ainsi que celles d'abricotiers, avec un œil et avec un bourgeon, qui semblaient pousser, se sont arrêtées; celles des rosiers, faites avec un bourgeon, ont presque toutes manqué; nous pensons qu'avec un œil elles eussent mieux réussi. Il en serait peut-être de même des arbres à grande moelle, tels que le noyer, le marronnier d'Inde, etc. Les greffes faites avec un bourgeon désorganisent entièrement cet organe, pendant que celles faites avec un œil le laissent intact. Ainsi l'on voit que cette greffe, nouvelle en France, exige encore de nombreuses, mais faciles expériences. Nous engageons les arboriculteurs à les tenter.

Nous ne nous étendrons pas davantage sur ce point, quelque intérêt qu'offre sa nouveauté; M. Buget s'occupe d'ailleurs de publier une notice à ce sujet, tant à l'aide de sa propre pratique, déjà ancienne, qu'en consultant les meilleurs auteurs allemands qui s'en sont occupés.

. En terminant, nous ferons remarquer que nous avons émis précédemment l'opinion que, dans la greffe en écusson, la reprise serait due surtout au contact immédiat du germe de l'œil avec l'aubier. Il n'en serait pas de même dans la greffe par application, puisqu'il n'y a point d'œil ni de germe d'œil en contact avec l'aubier du sujet. Dans cette greffe, comme dans les greffes en fente et en couronne, il n'y a de contact que celui de l'écorce et de l'aubier du scion sur l'aubier et le liber du sujet. Les greffes peuvent donc reprendre par le contact du liber avec l'aubier, ou probablement encore par le contact de l'aubier avec l'aubier. Si ensuite on remarque que la greffe de la vigne reprend par l'insertion du milieu du sujet, on en conclura que les moyens que donne la nature pour la reprise des greffes sont extrêmement nombreux.

# CHAPITRE IX.

## Mise à fruit par le cassement et la torsion.

1. Le cassement est un procédé de mise à fruit très-anciennement employé et il est adopté par tous les arboriculteurs modernes. Le pincement tardif de La Quintinie n'est

autre chose qu'un cassement. Roger Shabol le recommande particulièrement pour les fruits à pepins ; il y recourt depuis la mi-mai jusqu'en juin, plus tard au besoin, et l'applique à environ 0$^m$,013 au-dessus de l'insertion du bourgeon, c'est-à-dire au-dessous des sous-yeux.

L'époque du cassement a beaucoup d'importance ; fait de bonne heure, on le voit déterminer le développement des sous-yeux restés des brindilles et quelquefois des bourgeons ; fait au moment du repos de la séve, les nouvelles productions, lorsqu'il y en a, sont plus essentiellement fructifères et sont quelquefois des boutons à fruits. Rosier recommande de n'employer le cassement qu'avec modération, pour ne pas entraîner l'arbre à se surcharger de fruits. Lelieur casse au mois d'août, en leur laissant cependant quelques yeux, les brindilles et les bourgeons qui annoncent trop de force. Quant à M. Dalbret, il suit le précepte de Shabol et casse très-court.

M. Sageret conseille d'opérer le cassement dans le courant du mois d'août ; il a remarqué que, surtout dans les pommiers-paradis, il détermine souvent à se transformer en rosettes les boutons immédiatement au-dessous de la cassure, tandis que, fait de bonne heure, il provoque les boutons inférieurs à émettre le plus souvent des bourgeons à bois.

M. Chopin casse au mois de mai les bourgeons forts, et en septembre les plus faibles. M. Gaudry adopte aussi le cassement comme ses devanciers.

Le cassement est un moyen de mise à fruit facile, généralement très-efficace, et recommandé, ainsi que nous venons de le voir, par les plus habiles arboriculteurs ; mais ils varient entre eux sur l'époque de sa pratique et sur la longueur à laisser au-dessous de la *cassure*. En résumé, le cassement court, entre les deux séves, nous semble le plus propre à atteindre le but.

Nous avons dit précédemment qu'en Belgique et dans la

Flandre française la méthode de taille des pyramides de M. Chopin avait été modifiée, que pendant toute la saison on se dispensait de pincer et d'ébourgeonner, et qu'on se bornait à un simple cassement, au mois d'août, des branches les plus vigoureuses. Cette méthode donne des fruits abondants et des arbres d'une forme régulière.

Le cassement ne peut être employé que sur les arbres à pepins : sur le pêcher et l'abricotier il déterminerait la gomme. D'ailleurs ces espèces sont tellement portées à donner d'abondantes récoltes, poussent en si grande quantité des bourgeons à fruits, qu'il est inutile de chercher à en augmenter le nombre. Rubens, pour ne pas épuiser les sujets, conseille de n'appliquer ce procédé qu'aux arbres à pepins vigoureux, et de le réduire même à un quart ou un cinquième des branches.

2. La torsion faite dans le bas des branches produit un effet analogue à celui du cassement. En désorganisant le tissu où se trouvent les canaux conducteurs de la séve, elle intercepte ou du moins rend plus difficile l'accès de la séve des racines dans les parties de bourgeons qui sont supérieures au point qu'on a tordu. D'un autre côté, en désorganisant en partie l'écorce, elle oppose des obstacles à la tendance de la séve des feuilles à se porter vers les racines : ce procédé accumule donc la séve fructifiante dans la partie supérieure de la branche, en même temps qu'il y diminue l'afflux de la séve ascendante et qu'il la refoule dans les branches qui en ont besoin.

La torsion doit être employée alors que les rameaux cessent d'être herbacés et commencent à prendre la consistance et la ténacité du ligneux ; herbacés seulement, ils se rompraient sous la main, pendant que, devenus ligneux, ils résistent victorieusement à la torsion. Nous pensons que la première quinzaine de juin serait approximativement le moment le plus favorablement pour la pratiquer.

Elle s'opère en tenant d'une main la branche-mère et de l'autre le bourgeon, auquel on imprime un mouvement de torsion. Rubens conseille de saisir le bourgeon à deux mains, l'une placée dans le bas de la branche et l'autre au-dessus du point où on veut exercer la torsion. Il tourne alors les mains en sens contraire, comme s'il voulait détordre une corde. Cette torsion à deux mains nous semble avoir l'inconvénient de ne pas tordre la branche à son origine, et par conséquent d'en maîtriser moins efficacement la vigueur.

Rubens regarde encore ce moyen comme devant être employé avec beaucoup de discrétion, parce qu'il craint que l'arbre sur les bourgeons duquel on l'aurait généralisé ne produise bientôt que des fruits et trop peu de bois.

# CHAPITRE X.

## Retranchement des racines, transplantation.

1. Lorsqu'un arbre montre un excès de vigueur qui s'oppose à sa fructification, cette exubérance lui vient d'ordinaire par de nombreuses et profondes racines qui se sont développées outre mesure dans un sol substantiel ; pour remédier à cet inconvénient, il faut déchausser l'arbre et retrancher une ou plusieurs de ces racines, en choisissant de préférence celles qui paraissent s'enfoncer le plus en terre ; toutefois, il nous semble convenable de ne les couper qu'après la première bifurcation. Par ce moyen, on supprime une partie des racines conductrices de la séve qui produit l'élongation des bourgeons ; on en diminue par conséquent la quantité, en même temps qu'on refoule au profit des

branches la séve fructifiante qui se rendait dans les racines retranchées ; enfin, au point de résection, on en fait pousser de nouvelles plus près de la surface du sol ; toutes circonstances favorables pour déterminer l'arbre à porter des fruits.

2. L'arrachement suivi de replantation serait, comme moyen d'arrêter la vigueur d'un arbre, le dernier que nous conseillerions. On amortit sans doute par là la tendance du végétal à donner des bourgeons à bois, tendance due spécialement au travail des racines, sans nuire bien sensiblement à l'action de l'appareil foliacé, qui produit la séve fructifiante : mais on retarde pour plusieurs années son développement. D'ailleurs nous ferons remarquer que, dans le retranchement des racines, il se produit un double effet : refoulement dans l'arbre de la séve des feuilles destinée à prolonger les racines retranchées, et diminution de celle des racines. Dans l'arrachement, la production de la séve des racines est presque entièrement arrêtée, et celle de la séve des feuilles est plus ou moins diminuée. Il y aurait donc, à ce qu'il semble, plus d'avantage à employer le premier moyen que le second, c'est-à-dire à couper quelques racines qu'à arracher l'arbre.

Ces deux moyens de mise à fruit, le retranchement des racines et l'arrachement, ont été recommandés en premier lieu par La Quintinie ; toutefois, en conseillant le second, celui de l'arrachement, il faut craindre, si l'arbre est un peu fort, qu'il n'en soit rudement éprouvé.

C'est ici le lieu de rappeler une observation de Lelieur, que nous croyons juste, et qui viendrait à l'appui de l'opinion que nous émettons sur la marche des deux séves.

Les praticiens de tous les pays avaient admis que, lorsqu'on transplante un arbre, on devait lui retrancher une partie de ses branches et même de ses racines : de là le proverbe, trivial si l'on veut, mais bien expressif, *que, si un jardinier plantait son père, il devrait lui couper la tête et les pieds.*

C'est la pratique de tous les jours dans les jardins potagers, où l'on assure la reprise des légumes transplantés par la résection d'une partie des feuilles et des racines. Nous citerons encore à l'appui la pratique des constructeurs de pâturages allemands; lorsqu'ils lèvent le gazon de leurs prés pour le réappliquer sur la nouvelle forme qu'ils leur donnent, ils le lèvent en tranches de moins de 0$^m$,08 d'épaisseur, et sa reprise est plus assurée et plus vive que lorsqu'on les lève plus épaisses.

D'autre part, l'expérience a conduit les cultivateurs de la plaine de Caen à retrancher dans le repiquage de leurs colzas une partie de leurs racines. M. Bella, à Grignon, a voulu s'assurer par des expériences de l'utilité du procédé. Il en est résulté que, dans un champ d'un sol homogène, un lot de colza auquel il avait retranché moitié de la racine a produit 18 litres par are, pendant que celui dont le chevelu et l'extrémité seulement des racines avaient été coupés en a produit 16, et celui dont on avait laissé les racines entières 16 1/2.

Enfin Lelieur s'est assuré par des expériences répétées que, de deux lots semblables d'arbres de même espèce, plantés le même jour dans un même sol, celui auquel on retranchait une partie des racines reprenait plus facilement et poussait plus vigoureusement dans la saison que celui auquel on les conservait entières.

Pour rendre raison de ce fait, nous ferons remarquer que les spongioles ne sont autre chose qu'une partie molle et spongieuse; qu'elles se forment incessamment de la séve qui descend des feuilles et durcissent à mesure de l'élongation des racines en se transformant en bois et en écorce; qu'alors que la séve descendante cesse d'y affluer, par suite de la chute des feuilles, les dernières spongioles produites se durcissent comme les premières et deviennent peu aptes à remplir leurs fonctions pendant le repos de la séve en hiver. Au printemps, de nouvelles feuilles élaborent de nouvelle séve qui, descendant aux racines, les prolonge et donne naissance à de nouvelles spongioles. En outre, l'expérience a appris aux arboriculteurs que, dans la transplantation, il était inutile de ménager le chevelu des racines, à l'extrémité duquel se trouvent les spongioles. La rectitude de cette opinion est confirmée d'ailleurs par les expériences directes de M. Dutrochet, qui prouvent que les spongioles des racines, après avoir été exposées à l'air, perdent leur faculté d'absorption.

Lelieur avait encore remarqué qu'il se formait, sur la section des racines rapprochées, de petits bourrelets de spongioles et de petits dards radicellaires qui remplaçaient les racines supprimées. De ce double fait il a dû conclure qu'il y avait avantage à retrancher ce chevelu, et même à raccourcir la racine. Ainsi l'expérience avait mis les praticiens sur la voie d'un principe vrai, et Lelieur aurait rendu un service signalé à l'horticulture en cherchant à rétablir une opinion et un procédé utiles, que les raisonnements des théoriciens avaient fait rejeter.

On peut jusqu'à un certain point rendre raison de l'avantage qu'on rencontre dans ce retranchement de branches et de racines. L'arbre qu'on transplante, et dont les racines ont été plus ou moins mutilées par l'arrachement et l'exposition à l'air, a perdu ses moyens immédiats de nutrition, et par conséquent doit les renouveler; il doit donc vivre, dans les premiers moments de sa transplantation, d'une certaine quantité des deux séves ascendante et descendante qu'il renferme en lui-même et qui se sont accumulées dans ses organes pendant l'automne, alors que l'arbre cesse de prendre du développement. Mais cette quantité est bornée ; lorsque la séve ascendante, dont les organes de succion sont détruits,

11.

doit, sans rien recevoir du sol, subvenir, dans un arbre
auquel on a laissé toutes ses branches, au développement
d'un grand nombre d'yeux, elle s'épuise bientôt et ne favorise sur chaque œil que le développement d'une rosette
de folioles au lieu d'un bourgeon garni de feuilles. Si on a
retranché au contraire une partie des branches, et par conséquent des yeux à alimenter, la séve ascendante a assez
de puissance pour faire que les yeux restants deviennent
des bourgeons garnis de feuilles bien développées : c'est
alors dans ces feuilles que l'arbre retrouve les organes destinés à la préparation de la séve descendante, qui, à son
tour, produit les spongioles nécessaires à l'absorption de la
séve par les racines.

D'autre part, si on a laissé toutes les racines, la séve
descendante qui se trouve accumulée dans l'arbre, et qui
doit subvenir, sans rien recevoir des feuilles, à la régéné-
ration des spongioles sur un grand développement de racines, s'épuise elle-même comme la séve ascendante, sans
pouvoir produire des organes nourriciers convenablement
développés, tandis que, si on diminue, en raccourcissant
les racines, le travail de la séve descendante, il y a production, sur les racines laissées, de spongioles vivaces qui renouvellent la provision de séve ascendante, de même que les
bourgeons garnis de feuilles, produits par les yeux dont on
a réduit le nombre, renouvellent la provision de séve descendante. On s'explique donc d'une manière très-plausible
comment le double retranchement de branches et de racines a pu être favorable à la reprise de l'arbre.

Toutefois nous ne pensons pas que le retranchement
doive atteindre les racines proportionnellement à celui
qu'on fait subir aux branches. On assure d'autant plus la
reprise que la suppression est plus grande sur la tige. Il
n'en serait pas de même des racines; on doit se contenter
de les rabattre sur les dernières bifurcations, ce qui leur

laisse encore un empâtement capable de les fixer solidement en terre. D'ailleurs nous remarquerons, en finissant
sur ce point, que les arboriculteurs qui blâment le rapprochement des racines s'éloignent cependant peu du précepte ancien, car ils recommandent de les *rafraîchir*,
c'est-à-dire d'en rogner le bout, et par suite le chevelu.


# CHAPITRE XI.

### Taille pendant la séve.


On détermine par ce procédé, chez les arbres rebelles ou
trop vigoureux, un flux, un écoulement au dehors de la
séve des racines, qui produit la vigueur, alors que la séve
fructifiante ne se forme point encore, puisque les feuilles,
qui sont chargées de son élaboration, n'existent pas. La
pousse qui se manifeste au premier printemps est donc due
tout entière à la séve des racines; celle des feuilles ne
commence à se produire abondamment que lorsque les
bourgeons ont déjà pris un assez grand développement,
que les feuilles ont acquis de la consistance et que leurs
stomates sont convenablement organisés.

Comme nous l'avons établi précédemment, c'est la séve
des racines qui détermine la vigueur : toute déperdition
de cette séve augmente donc la proportion relative de celle
des feuilles, et par conséquent les chances de fructification.
Rubens, pour rendre ce procédé plus efficace, fait au moment du départ de la séve une première taille qui supprime
les branches mal placées et superflues; plus tard il rabat
encore les bourgeons sur leurs pousses faibles.

La taille faite de bonne heure hâte le développement de

l'arbre et lui donne de la vigueur. En effet, en diminuant avant le mouvement de la séve le nombre des boutons qu'elle doit alimenter, ceux qu'on laisse subsister reçoivent alors, outre celle qui leur était destinée, la séve qui devait tourner au profit des bourgeons retranchés ; les pousses sont donc plus vigoureuses et se développent même plus tôt, parce qu'un grand afflux de séve détermine plus promptement le développement des yeux qu'une séve moins abondante. Par opposition, la taille tardive affaiblit et retarde l'arbre, mais le dispose à la fructification ; car la séve des racines se porte spécialement au premier printemps vers le bouton terminal et les boutons qui en sont les plus voisins. En taillant tard on supprime ces boutons, sur lesquels s'était portée la plus grande partie de la séve : il s'en fait donc une notable déperdition, ce qui permet à la séve fructifiante d'acquérir alors la prépondérance. Mais en outre il y a retard dans la végétation, puisqu'on enlève à l'arbre ses parties les plus avancées, et que la séve doit employer un certain temps avant de ramener les boutons conservés au même état qu'avaient atteint ceux que la taille tardive a retranchés. Par ce retard la marche de la végétation, la floraison se trouve également retardée ; l'arbre a par conséquent moins de risques à courir pendant les variations souvent trop brusques de température au printemps.

Ainsi donc, c'est en affaiblissant l'arbre qu'une taille tardive lui fait donner des fruits : cette taille ne doit donc s'employer que sur des sujets vigoureux ; nous l'avons vue, appliquée à des vignes d'une vigueur moyenne, mettre les bourgeons à l'abri d'une gelée tardive ; mais l'année suivante leur produit a été faible, parce qu'elles s'étaient épuisées l'année précédente. La taille peut d'ailleurs servir à rétablir l'équilibre dans un arbre, quelle que soit sa forme, en la pratiquant de bonne heure sur les branches faibles et tardivement sur les branches trop fortes.

## CHAPITRE XII.

### Puissance fructifiante des racines qui se maintiennent près de la surface du sol.

On remarque dans les arbres à fruits que les racines qui rampent près de la surface du sol sont celles qui influent le plus sur les productions fructifères et même sur la qualité des fruits, tandis que les racines plus profondément enfoncées dans la terre favorisent plutôt la production des branches à bois et l'allongement des bourgeons.

Des faits nombreux confirment l'opinion que nous venons d'énoncer, et nous mettent sur la voie de procédés propres à déterminer la fructification.

L'arbre prend dans l'atmosphère une forme analogue à celle que ses racines affectent dans la terre ; nous voyons les arbres plantés dans des sols profonds s'élancer à de grandes hauteurs, et en fouillant à leur pied nous voyons leurs racines s'enfoncer à de grandes profondeurs.

On remarque partout que les arbres fruitiers qui prennent naturellement la forme de pyramides élancées produisent peu de fruits, et toujours on trouve que leurs racines sont plongeantes et se réduisent souvent à un pivot ; lorsqu'au contraire elles s'allongent en restant près de la surface, les branches de l'arbre se ramifient, prennent une position et une forme analogues à celles des racines et se rapprochent de l'horizontalité. Il en résulte des dispositions fructifères, parce que la séve descendante, retardée dans sa circulation, fait naître, chemin faisant, par la lenteur de sa marche, avant de parvenir aux racines, des productions fruitières. Aussi le plus souvent les praticiens, se fondant sur l'expérience, retranchent-ils le pivot des sujets élevés

en pépinière, et même des arbres fruitiers qu'ils plantent,
au risque de diminuer les chances de leur reprise ; cette
opération rationnelle est combattue par quelques théoriciens qui ont le tort de vouloir trop souvent, par des raisonnements, infirmer les faits de la pratique.

On conçoit aisément que les racines qui travaillent près
de la surface de la terre, à portée des influences atmosphériques et de celles toutes-puissantes du soleil, peuvent puiser dans le sol et envoyer dans l'arbre des principes qui
modifient la séve descendante de manière à augmenter ses
dispositions fructifiantes. Aussi, dans les plantations d'arbres à fruit, recommande-t-on d'éviter d'enfoncer profondément les racines, parce qu'on a remarqué qu'on obtient
ainsi moins de fruits, mais plus de bois, que quand on les
maintient près de la surface. Il en est de même des provi-
gnages profonds, qu'on blâme généralement comme moins
productifs.

D'ailleurs, avec la tendance reconnue qu'ont les arbres à
placer leurs branches dans une position analogue à celle
de leurs racines, il est évident que l'arbre dont les racines
se dirigeront obliquement produira des branches disposées
à prendre une direction analogue et par conséquent mieux
préparées à porter des fruits.

En Allemagne plutôt encore qu'en France, dans les sols
très-profonds, où les racines tendraient à s'enfoncer verticalement dans le sol, on prend souvent la précaution d'établir, au fond du creux préparé pour recevoir la plantation,
des couches de cailloux ou de pierres plates qui forcent
l'arbre à développer ses racines dans une position parallèle
à la couche supérieure du sol.

Nous rappellerons ici l'anneau de Fischer, dont nous
avons précédemment parlé, et dont le pouvoir fructifiant
est dû à ce qu'il fait naître des racines près de la surface
du sol.

Nous sommes même porté à croire que les racines qui se maintiennent près de la surface améliorent encore la qualité tout en favorisant la production des fruits. Dans les pays où le pêcher est cultivé en plein vent, on retranche son pivot ou ses racines plongeantes. On donne à cette opération le nom de *greffe à la capucine*; le mot *greffe* n'a ici d'autre but que d'indiquer qu'il en résulte des fruits plus beaux et meilleurs, et quant aux expressions *à la capucine*, elles rappellent le nom de ceux qui ont propagé cette méthode.

Nous retrouvons dans des pays vignobles entiers cette opinion de l'influence qu'exerce sur la fructification le maintien des racines près de la surface du sol. Ainsi, dans le vignoble de la Côte-d'Or, on se contente, par des labours légers et fréquents, qui ménagent les racines peu profondes, de tenir la surface du sol ameublie. Ce procédé n'est toutefois pas sans inconvénient; les grandes chaleurs, en privant d'humidité la couche supérieure du sol, et par conséquent le milieu dans lequel travaillent les racines fructifères, empêchent la sève des racines de porter dans l'arbre et de transmettre à la séve élaborée par les feuilles la quantité d'eau nécessaire à la bonne maturation du fruit, que ces dernières ne peuvent pas puiser dans une atmosphère desséchée : la vigne alors *s'enferre*, le raisin se flétrit, et le mal va quelquefois jusqu'à dessécher celui-ci avant maturité ; mais cet inconvénient ne se produit qu'en cas de sécheresse, et nous pensons que, dans les années ordinaires, le raisin acquiert plus de qualité et surtout qu'il s'y forme plus de sucre.

Cependant, dans la plupart des vignobles, à l'époque de la taille, on déchausse le cep jusqu'à 0<sup>m</sup>,08 ou 0<sup>m</sup>,10 de profondeur, et on détruit ainsi les racines qui se sont développées trop près de la surface du sol ; mais on a grand soin de rechausser la vigne à la première façon.

On s'expliquerait toutefois ces deux usages, qui au pre-

mier abord semblent opposés. M. Vergnette-Lamotte a
consigné, dans un excellent travail sur la Physiologie de la
Vigne, des observations desquelles il résulterait que le Pi-
neau, dans le cours de la saison, émet près de la surface
du sol des racines multipliées qui périssent pendant l'hiver
et se renouvellent au printemps. Ainsi, dans les pays où
l'usage est de déchausser le cep à l'époque de la taille, on
ne ferait que le débarrasser de racines désormais sans
usage, et on faciliterait par là plutôt qu'on ne contrarierait
le développement de celles qui doivent les remplacer.

Dans de grands vignobles du Midi, lors de la première
façon qu'on donne aux vignes, généralement alignées, on
forme au milieu de l'intervalle qui les sépare un petit bil-
lon, en enlevant $0_m,06$ à $0_m,08$ de terre de la ligne des
ceps; lors de la seconde façon, qui se donne de très-bonne
heure, on remet cette terre en place. Il en résulte que,
pendant le premier printemps, les racines de la vigne
qu'on épargne reçoivent plus immédiatement l'influence
solaire ; que la vigne, rechaussée avant le temps où la végétation entre dans sa vigueur, pousse encore avec avantage
ses racines fructifiantes près de la surface dans la terre
ameublie qu'on amoncelle à son pied, et qu'à l'époque des
chaleurs la vigne rechaussée n'est plus exposée aux inconvénients qui résultent de la pratique usitée dans les vignobles de la Côte-d'Or. On a du reste remarqué, dans le
Beaujolais comme dans la Côte-d'Or, que les racines qui
poussent dans la saison près de la surface doivent être soigneusement ménagées à la troisième façon, sous peine de
nuire beaucoup à la quantité et à la qualité des fruits.

De tout ce qui précède nous sommes, à ce qu'il semble,
en droit de conclure que, dans les différentes espèces végétales que nous cultivons pour leurs fruits, des racines
courant près de la surface du sol sont essentiellement favorables à la quantité comme à la qualité des fruits. Il s'en-

suivrait que l'ameublissement de la terre au pied des arbres
fruitiers doit pénétrer peu profondément, et nous pensons
que le travail que la plupart des jardiniers font avec la bê-
che au pied des arbres de leurs plates-bandes est essentiellement contraire à leur fructification. Nous leur recommen-
dons donc d'imiter les judicieux cultivateurs de Montreuil,
qui se contentent de façons légères, mais fréquentes, dans
leurs plates-bandes fruitières.

Sans doute il est bon d'ameublir la terre qui recouvre
les racines ; mais le but essentiel de ce travail est de détruire les plantes parasites et les herbes qui priveraient les
arbres des sucs séveux dont ils ont besoin ; celui qu'on fait
au pied des arbres fruitiers doit donc se borner à des ra-
tissages, et il n'y est même pas d'une absolue nécessité.
Nous voyons des arbres et des vignes réussir parfaitement
et donner d'abondantes récoltes dans des cours, sous des
pavés, et même dans des terrains gazonnés.

Toutefois, dans certains vignobles, on travaille la vigne
à une profondeur qui ne permet de ménager que bien peu
les racines de la surface, et cependant le produit y est encore abondant; la profondeur de la façon dépend donc, à
notre avis, des variétés de raisins qu'on y cultive, qui sont
probablement plus fécondes et dont les sucs fructifères ont
moins besoin de l'influence solaire. D'ailleurs, partout, c'est
à la première façon seulement qu'on pousse les travaux à
une certaine profondeur; les suivantes sont plutôt des ra-
tissages destinés à détruire les mauvaises herbes et à ameublir la surface du sol.

Nous trouvons, dans une pratique séculaire de localités
où la culture de la vigne en treille semble avoir été portée
à sa perfection, la preuve, à ce qu'il nous semble, de la
puissance fructifiante du maintien des racines près de la
surface. A Thomery, pays classique et modèle, la plantation des vignes pour treille se fait à 0m,25 ou 0m,30 de

profondeur et à 1$^m$,35 du mur ; pour forcer chaque sujet à émettre des racines près de la surface, pendant deux années successives on le couche à cette même profondeur pour l'amener au pied du mur ; par ce moyen, et avec l'engrais qu'on lui prodigue, des racines nombreuses s'établissent à cette distance du sol, et on obtient les produits abondants et d'excellente qualité qui ont acquis une si haute réputation sur les marchés de Paris. Cependant le sol de Thomery semble médiocrement propre à la vigne ; mais nous pensons que c'est en grande partie à cette position des racines près de la surface du sol que le raisin de ce village devrait sa prééminence. Que s'il n'éprouve pas l'inconvénient qu'entraîne, dans les vignobles de la Côte-d'Or, la proximité des racines de la surface du terrain, c'est qu'on y prodigue le fumier aux plates-bandes, et que ce fumier, ou le terreau qu'il produit, le défend de la sécheresse ; mais ce qui le préserve encore plus efficacement, c'est que, dans cette culture jardinière, on n'épargne pas, dans le cours de la saison, un ou deux arrosements, quand le besoin s'en fait sentir.

Ce procédé de planter peu profondément, de faire traîner la racine à une faible distance de la surface, de la fixer, pour ainsi dire, à cette hauteur, nous semble devoir être le résultat d'une longue expérience d'hommes intelligents. A tort voudrait-on par des raisonnements contredire cette pratique, dont les observations qui précèdent suffiraient d'ailleurs à prouver la justesse.

En résumé donc, on doit regarder comme certain que le développement des racines en profondeur est favorable à la vigueur de l'arbre, tandis que celui des racines courant à la surface du sol est tout à l'avantage de la fructification. Il y a donc tout profit pour les arbres fruitiers à favoriser l'expansion des dernières au détriment même des autres.

# CHAPITRE XIII.

## Affruitement des arbres stériles.

1. Nous nous sommes spécialement occupé dans ce qui précède des moyens de mettre à fruit les arbres qui s'y refusaient le plus souvent par trop de vigueur. Ici nous allons voir à quels procédés il faudrait recourir pour produire un effet analogue sur des arbres stériles par suite de l'épuisement ou de la mauvaise qualité du sol, de leur affaiblissement ou même de leur vieillesse.

Nos espèces fruitières, pommiers, poiriers, cerisiers, lorsqu'elles sont le produit spontané du sol, prospèrent sans soin dans nos bois, dans les buissons, et n'ont pas besoin du secours de l'homme pour végéter souvent avec vigueur, se reproduire et donner leurs fruits : les forces de la nature leur suffisent ; l'homme a choisi pour son usage les meilleures d'entre elles, leur a donné des soins, les a améliorées par la culture et en quelque sorte civilisées ; mais s'il les abandonne à elles-mêmes, elles perdent assez promptement la plupart de leurs avantages. Pour les leur conserver, il faut leur procurer un sol de bonne nature, un climat, une exposition favorables ; elles demandent en outre des engrais, comme toutes les autres cultures perfectionnées, et on les leur refuse le plus souvent ; aussi arrive-t-il fréquemment qu'elles languissent et produisent peu ; il faut alors leur venir en aide par des engrais : le fumier animal de toute espèce, mais surtout les engrais actifs, le purin, la colombine, etc., leur conviennent très-bien. Quel que soit celui qu'on leur applique, on le répand sur la couche de terre qui couvre les racines, et la vigueur reparaît souvent, avec les fruits, l'année même qui suit celle de la fumure. L'automne est l'époque la plus favorable pour fumer les arbres ; on enlève une première couche de terre, en laissant cependant les racines couvertes, on y place le fumier, et on peut attendre jusqu'au printemps pour remettre la terre. Nous nous sommes bien trouvé de ce procédé.

L'engrais dont nous avons eu le plus à nous louer est le purin qui s'écoule du fumier de vache ou de cheval, plus ou moins étendu d'eau suivant son énergie ; lorsqu'il consiste tout entier en urine, il faut y ajouter environ cinq ou six fois son volume d'eau. On peut le répandre pendant toute l'année. Il n'est pas à propos de le mettre immédiatement au pied de l'arbre ; mais on l'emploie en arrosements un peu abondants à plus ou moins de distance de la tige, suivant sa grosseur ; il se trouve alors à portée des extrémités des racines, où sont placées les spongioles qui seules peuvent transmettre à l'arbre les principes alimentaires. Nous croyons qu'il y a quelque danger à le mettre sur les racines des arbres dès l'année de leur plantation ; les nouvelles racines sembleraient redouter cette nourriture trop substantielle pour elles.

Lorsque le purin n'a pas fermenté, on ne doit en employer qu'une petite dose, au pied surtout des très-jeunes arbres ; autrement il les fait périr ou leur fait pousser de longs bourgeons qui finissent par jaunir ; dans une circonstance de ce genre, nous ne sommes pas parvenu à leur rendre la santé avec la dissolution de sulfate de fer d'Eusèbe Gris, même à la dose de 8 grammes par litre.

Le sang nous a également très-bien réussi, mais étendu de six à huit fois son poids d'eau ; son effet sur des orangers, sur des plantes en pots et sur des pêchers, nous a semblé très-remarquable ; mais il semble favoriser plutôt l'émission des boutons à bois que celle des productions fruitières.

Il faut se procurer le sang encore chaud ; si on attend qu'il soit coagulé, il se mêle mal à l'eau qui lui sert d'excipient.

Rubens conseille d'en faire un compost avec de la terre, et de répandre ensuite ce compost sur les racines après fermentation. Nous croyons à son efficacité ; mais nous avons vu, dans une vaste exploitation où on l'employait ainsi en grande masse, qu'en se putréfiant il répand une odeur extrêmement désagréable, et qu'il s'y engendre une quantité considérable de vers qui détruisent une partie de sa substance.

On se dispense d'ordinaire de donner des engrais aux arbres fruitiers plantés dans des terrains de très-bonne qualité, mais c'est souvent à tort ; dans ces mêmes terrains les jardiniers fument abondamment leurs plantes potagères, et ils négligent d'en faire autant pour leurs plates-bandes, tout en leur demandant annuellement des produits en fruits et en fleurs. Aussi, au bout d'un certain nombre d'années, les arbres y deviennent rabougris et les fruits coulent. On en accuse le sol et les saisons, tandis qu'on ne devrait s'en prendre qu'au défaut d'engrais. Il suffit souvent, pour rendre à ces arbres la vie et la puissance fructifère, de réparer la négligence dont on a fait preuve dans les années qui ont précédé, en fumant abondamment.

Cependant, toutes les fois que les arbres continuent de bien végéter dans le terrain où on les a placés, le mieux est de se dispenser de leur fournir des engrais ; la présence du fumier dans le sol exerce surtout son action sur la séve ascendante, la séve d'allongement, et toute vigueur exubérante dans les arbres à pepins tend à faire transformer en branches à bois les branches et les bourgeons fructifères. Il n'en est pas de même des arbres à noyaux, dont les boutons à fruits se forment sur les bourgeons à bois, et qui fructifient le plus souvent en raison même de leur vigueur.

Il y a d'ailleurs des distinctions utiles à faire dans l'emploi des engrais : ainsi, par exemple, le mûrier, auquel on ne demande que des feuilles, et par conséquent des bourgeons ; la vigne, dont tous les bourgeons sont fructifères dans la plupart des variétés ; le rosier, surtout les variétés remontantes, ne peuvent être trop abondamment fumés. Les conifères, au contraire, souffrent de la présence de tous les engrais ; le pêcher craint les engrais solides en excès, mais rarement les engrais liquides.

2. La stérilité d'un arbre peut provenir de son âge, de ce que les branches, longtemps fécondes, se sont épuisées, se sont couvertes d'une écorce écailleuse, de petites branches à fruits, de lambourdes dont les fleurs avortent ; il faut alors rapprocher ces branches sur leurs premières bifurcations.

Il y a souvent avantage à rabattre une tige affaiblie ; en 1802, nous reçûmes de Metz un envoi d'arbres fruitiers qui, dans la route, peut-être bien même chez le pépiniériste, avaient grandement souffert de la gelée. On les planta néanmoins, en recépant au-dessus de la greffe les plus maltraités ; ces derniers dépassèrent bientôt ceux qui furent laissés entiers, et une partie d'entre eux vit encore.

Il arrive très-souvent que les branches d'un arbre sont arrivées à la caducité alors que les racines conservent encore toute leur vigueur ; la plupart des arbres sont greffés sur des sauvageons plus vigoureux et susceptibles d'une plus longue existence que la variété perfectionnée qui a fourni la greffe ; les racines du sujet peuvent donc conserver toute leur vigueur dans un temps où l'âge a oblitéré les canaux séveux des branches de la variété greffée ; la séve alors, qui doit faire une longue route dans ces organes affaiblis, y circule avec peine. Si on recèpe ces branches à peu de distance de la tige, la séve refoulée, ayant peu d'espace à parcourir, ranime les germes qui s'y trouvent, et qui bientôt donnent naissance à des bourgeons vigoureux.

Après l'hiver on supprime ceux qui feraient confusion. Ces jeunes bourgeons se mettent promptement à fruit. Mais la durée de l'arbre rajeuni n'est cependant jamais bien longue, et, après quelques années de vigueur et de fructification, il est rare qu'on puisse obtenir, en rabattant de nouveau les pousses affaiblies, de nouveaux membres doués de quelque vigueur; le mieux alors est de remplacer l'arbre. Mais on rencontre alors un nouvel obstacle plus difficile à vaincre que ceux qui précèdent, celui de faire réussir, à la place où un autre d'une certaine espèce a existé longtemps, un végétal du même genre. Nous reviendrons plus loin sur ce sujet.

3. Nous venons d'indiquer les moyens de rajeunir les branches d'un arbre fruitier; on peut aussi produire un effet analogue sur sa tige. Ainsi, quand la stérilité du sol ou les gelées ont gercé l'écorce de la tige ou l'ont fait devenir épaisse, écailleuse, on enlève au printemps jusqu'au vif ces écailles, ces gerçures qui contrarient le mouvement de la séve; cette opération doit être faite d'une main légère et de manière à n'attaquer que les parties mortes, en ménageant celles où la vie n'est pas éteinte. On détruit ainsi les nids d'insectes; l'écorce reprend son épaisseur normale, se régénère en quelque sorte, et les fluides qui y entretiennent la vie y circulent plus facilement. Si l'arbre est vieux, il retrouve un peu de jeunesse. Si sa tige a été endommagée par la gelée, ce qui arrive assez fréquemment dans nos pays aux jeunes poiriers, les traces du mal s'effacent; s'il devait son écorce rugueuse au peu de fécondité du sol, en y ajoutant de l'engrais on lui rend les forces de son âge.

Il est à propos de recouvrir à l'aide d'un pinceau toute l'écorce dénudée, et par conséquent les blessures qu'on a pu y faire involontairement, d'une légère couche d'onguent de Saint-Fiacre, c'est-à-dire de bouse de vache délayée dans l'eau.

Le raisonnement vient ici encore à l'appui de l'expérience pour faire préjuger que l'enlèvement des écailles de vieille écorce doit favoriser la végétation. Tous les ans l'écorce d'un arbre s'épaissit, et il se forme une nouvelle couche de liber. Lorsque le nombre de ces couches suffit pour assurer la végétation de l'arbre, à mesure qu'il s'en forme de nouvelles à l'intérieur, les couches extérieures s'atrophient et se fendillent en écailles; une partie tombe; celles qui restent forment sur la surface du végétal une enveloppe rugueuse presque toujours inerte, qui s'oppose à la distension naturelle de l'écorce, qui doit obéir au grossissement. Ces parties mortes, à demi soulevées, deviennent le refuge des insectes, du verglas; il s'y forme de petits amas d'eau qui se glacent en hiver et augmentent les effets nuisibles de la gelée. La main de l'homme qui les enlève fait disparaître tous ces inconvénients et facilite la circulation de la séve : c'est l'art qui vient au secours de la nature. L'industrie de l'homme a créé des variétés de fruits bien supérieures à celles qui se propageaient naturellement; mais ces variétés ont souvent perdu en rusticité, en force de résistance aux fâcheuses influences atmosphériques, presque autant qu'elles ont gagné en qualité; elles ont donc besoin d'être protégées par des soins intelligents pour pouvoir continuer de rendre à l'homme les services que celui-ci en attend.

4. On a conseillé, pour retarder la floraison des arbres fruitiers et augmenter leurs chances de fructification, d'amasser de la neige à leur pied, vers la fin de l'hiver; ce moyen nous a peu réussi, et la floraison des arbres dont les racines ont été conservées plus longtemps, à l'aide de cet artifice, dans un sol congelé, s'est accomplie à très-peu

près en même temps que celle des autres de même espèce. On s'explique cette anomalie apparente. Ce n'est pas la température du sol, mais bien spécialement celle de l'atmosphère, qui appelle la séve dans la tige et dans les branches des arbres. Ainsi, même pendant l'hiver, lorsque des vents chauds viennent à régner, on voit les boutons des arbres ou arbustes précoces se gonfler, grossir, se disposer à s'ouvrir, bien que leurs racines soient encore dans la terre gelée. Bien plus, si l'on introduit, pendant l'hiver, dans une serre chaude, une branche de vigne, par exemple, dont la tige, les autres branches, la terre qui couvre les racines, et par conséquent les racines elles-mêmes, restent exposées à toutes les rigueurs atmosphériques, on voit les boutons de cette branche se développer, donner des feuilles et même des fleurs, pendant que tout le reste du végétal reste plongé dans un sol ou dans un autre milieu dont la température est au-dessous de zéro. Ainsi donc, il est tout à fait inutile d'accumuler la neige au pied des arbres pour retarder leur floraison, et nous pensons même que ce procédé serait plutôt nuisible qu'utile en retardant l'échauffement du sol à l'arrivée du printemps; car les pousses et la floraison dont la chaleur atmosphérique déterminerait le développement ne seraient pas secondées par l'action des racines, paralysées dans un terrain à demi glacé.

5. D'autres ont conseillé de peindre en noir la surface des murs contre lesquels sont palissés les espaliers; le raisonnement semblait en faveur de ce procédé, qui n'est ni difficile, ni dispendieux : il doit donc avoir été souvent essayé; cependant il ne s'est pas propagé, ce qui dès l'abord ferait présumer qu'il n'offre pas d'avantages bien marqués.

Si nous cherchons à nous rendre raison de cet insuccès, nous remarquerons que la propriété spéciale d'une surface noire, non polie, consiste à absorber les rayons calorifiques;

d'où il résulte que les premiers rayons du soleil au printemps doivent échauffer le mur, et par suite hâter la végétation de l'arbre et le développement des fleurs ; il est donc plus exposé que les autres à l'effet des gelées tardives, et cet effet doit être d'autant plus sensible que le mur noirci, en absorbant la chaleur pendant le jour et la rayonnant pendant la nuit, rend plus rapide et plus grande la différence de la température, et plus funeste l'influence de la chaleur des rayons du soleil matinal sur des fleurs et des bourgeons glacés. De plus, pendant les jours chauds d'été, la chaleur se concentre sur cette surface d'une manière qui peut arriver à devenir tout à fait nuisible ; le fer exposé au soleil pendant l'été atteint quelquefois une chaleur de + 50 à 60° ; alors même que la pierre noircie n'acquerrait pas une température aussi élevée, elle n'exposerait pas moins nos fruits et nos arbres des zones tempérées à une chaleur égale à celle de la zone torride, pour laquelle ils n'ont pas été créés, et qui leur serait tout à fait nuisible. D'autre part, pendant les nuits de cette saison, la puissance de rayonnement des murs noirs non polis est telle qu'après avoir perdu la chaleur accumulée pendant le jour ils descendent bientôt à une température inférieure à celle des murs blancs, dont le rayonnement, et par conséquent la perte de chaleur, est beaucoup moindre. L'espalier appliqué contre un mur noirci est donc exposé pendant le jour à une grande élévation et pendant la nuit à un grand abaissement de chaleur ; il éprouve donc cette grande variation de température qu'on accuse d'être l'une des causes spéciales de la cloque et de la gomme.

Après avoir été plus nuisible qu'utile aux arbres pendant le printemps et l'été, saisons les plus importantes pour les arbres et les fruits, la surface noire, en entretenant pendant l'automne une température plus élevée, aoûte, il est vrai, plus sûrement les bourgeons, et les dispose mieux à se mettre à fruit au printemps. Les Anglais, en chauffant leurs murs d'espaliers, obtiennent les avantages qu'on pourrait retirer des murs noircis, tout en évitant leurs inconvénients; par ce moyen ils arrivent à obtenir non-seulement des fruits plus hâtifs, mais encore ils en mènent à bien d'autres qui n'auraient pas mûri sous leur climat; ils restent ainsi maîtres de la chaleur qu'ils donnent à leurs murs, et ne les chauffent qu'aux saisons, aux heures et aux degrés convenables.

Pendant l'hiver, il se produit sur le mur noirci un effet analogue à celui qui se manifeste pendant l'été; si, dans le jour, le mur noir, en absorbant plus de calorique, semble favorable à l'espalier, en revanche, pendant les nuits claires et longues de l'hiver, le rayonnement lui fait perdre, et par conséquent à l'espalier qu'il devrait abriter, une beaucoup plus grande somme de chaleur; le froid doit donc y être plus intense que sur le mur blanc, et son effet sera d'autant plus funeste qu'il en aura produit un moindre pendant le jour.

D'ailleurs, si un mur blanc s'échauffe plus difficilement qu'un mur noir, il conserve beaucoup mieux sa chaleur; le mur noir perd aussi facilement la sienne qu'il l'acquiert; il subit donc plus que le mur blanc les extrêmes de chaleur et de froid.

En résumé, donc, si l'usage des murs noirs ne s'est pas étendu, c'est que, toute compensation établie, ils se sont trouvés plus nuisibles qu'utiles; le mieux, à ce qu'il nous semble, serait donc de laisser prendre aux murs neufs la teinte terne qui, avec le temps, leur arrive naturellement.

# CHAPITRE XIV.

## Alternance des arbres fruitiers.

**1.** On parvient difficilement à faire réussir, dans le même sol, un arbre de la même espèce que celui qui y est mort de vieillesse ; le terrain qui l'a porté, propre à tous les autres produits, se refuse presque obstinément à nourrir une nouvelle génération du végétal qui l'a occupé pendant de longues années. Depuis près de quarante ans, nous luttons en vain contre cette difficulté : nous avons voulu repeupler, dans un terrain profond, de première qualité, un verger d'un hectare qui était, il est vrai, à sa troisième ou quatrième génération, des mêmes espèces d'arbres fruitiers ; en replantant, nous avons cherché à remplacer des pommiers par des poiriers, et réciproquement. Nous avons évité autant que possible de mettre les arbres nouveaux aux mêmes places que celles qu'occupaient les anciens ; une partie de nos sujets a péri, et ceux qui restent produisent très-peu, bien que quelques-uns offrent une apparence de santé et de vigueur.

**2.** Cependant, depuis quelques années, certains agriculteurs ont voulu révoquer en doute la nécessité des alternances, c'est-à-dire de faire succéder dans un même sol, à un végétal donné, un autre végétal de nature différente. Il nous semble que c'est nier ce qu'avait démontré l'expérience de tous les temps et de tous les lieux. Il n'est pas un agriculteur, pas un jardinier, dans aucun pays du monde, qui n'ait pu se convaincre, par sa propre pratique, de la réalité de cette loi. On a bien raison de dire que l'expérience des pères est perdue pour leurs enfants : c'est un bonheur pour eux, en quelque sorte, de prouver que leurs pères se sont trompés ; mais ils ne tardent pas le plus souvent à porter la peine de leur désir d'innover. Heureusement pour l'agriculture et l'horticulture, dans le cas en question, la preuve de l'existence de cette grande loi de la végétation se répète tous les jours, et les praticiens ne seront pas tentés de profiter de la prétendue *découverte* de quelques novateurs.

C'est surtout en attaquant l'explication donnée à cette loi naturelle qu'on a cru pouvoir combattre le fait en lui-même. Des botanistes, et de Candolle après eux, avaient admis que les végétaux, comme les animaux, rejetaient, dans le sol par des déjections et dans l'atmosphère par la transpiration, les principes qu'avait entraînés la séve et qui n'étaient point aptes à s'assimiler à la substance végétale. Cette opinion était la conséquence naturelle de plusieurs faits bien établis. On sait que les racines absorbent dans le sol, sans choix aucun, toutes les substances dissoutes qui se trouvent à portée de leurs spongioles. Il était donc bien évident que le végétal devait rejeter ce que les racines avaient absorbé d'inutile ou de nuisible, et des expériences très-soigneusement faites ont appris qu'il rejette en effet par ses feuilles, suivant les circonstances, de l'oxygène, de l'acide carbonique et de l'azote sous forme de gaz. L'excrétion par les feuilles est donc bien prouvée ; mais les substances fixes ne peuvent pas s'exhaler de même ; il fallait donc qu'un autre organe les en débarassât, et cet organe ne pouvait être que dans les racines, puisque, s'il existait dans les parties supérieures du végétal, la tige et les feuilles, on trouverait ces substances fixes à leur surface ; les racines doivent donc les rejeter dans le sol. On cite plusieurs expériences, celles de Macaire entre autres, qui ont démontré que les plantes excrétaient par leurs racines, dans l'eau qui alimentait leur végétation, des substances noirâtres. Lindley cite le fait de plantes de chicorée qui excrétaient dans l'eau un principe amer. On trouve

12.

dans la terre qui a servi à la nutrition des arbres des substances noirâtres, qui ne sont ni des débris de racines, ni
des résidus de végétation, et qu'on a dû prendre pour des
excrétions. En s'appuyant sur ces faits on a dit : Les végétaux, qui transpirent comme les animaux et excrètent de
même, ont comme eux de la répugnance pour leurs excrétions, et, par cette raison, réussissent difficilement à la même
place que leurs devanciers de même espèce.

Quelques végétaux, il est vrai, semblent faire exception,
et on voit le chanvre, le peuplier, la betterave, se succéder
sans inconvénients sensibles ; mais on a toujours dit que l'exception, surtout quand elle est rare, prouvait la règle. D'ailleurs on conçoit que certains végétaux peuvent s'assimiler
presque entièrement tous les sucs absorbés par leurs racines
ou n'avoir aucune répugnance pour leurs propres déjections,
comme cela arrive à quelques espèces d'animaux.

Si l'on se refuse à admettre cette espèce de répulsion in-
stinctive des végétaux pour leurs déjections, il devient nécessaire de supposer, contre l'opinion assez générale fondée
sur l'expérience, que les racines peuvent choisir dans le sol
les substances qui conviennent au végétal, en y laissant celles
qui lui seraient inutiles ou nuisibles ; mais toujours encore
s'ensuivrait-il que le végétal de même espèce, qui doit croître au milieu de ces substances inutiles ou nuisibles, doit
mal y réussir : d'où résulte, aussi bien que du principe
des déjections que nous avons admis, la nécessité des alternances.

Mais, objecte-t-on encore, comment se fait-il, si cette loi
est aussi générale qu'on le prétend, que des arbres puissent exister séculairement dans un même lieu, sans se créer
à eux-mêmes par leurs déjections un principe de mort?
Nous répondrons que tous les végétaux, et particulièrement les arbres, ne puisent la séve, principe de leur existence, que par l'extrémité de leurs racines. Or ces racines

vont sans cesse se prolongeant, comme les branches de
l'arbre ; elles arrivent donc continuellement à un terrain
nouveau, où elles puisent des sucs qui ne sont point chargés des substances excrétées, qu'elles laissent constamment
derrière elles.

Nous avons dit que les plantes n'aspiraient la séve que
par l'extrémité de leurs racines. M. Du Breuil cite à ce sujet deux expériences précises qui le prouvent ; dans l'une,
l'arbre a continué de végéter, l'extrémité de ses racines
plongeant dans l'eau tandis que toute leur partie supérieure
était découverte ; dans la seconde, l'arbre s'est flétri et sa
végétation s'est arrêtée lorsque l'extrémité des racines a
été mise à nu tandis que la partie supérieure était plongée
dans l'eau.

Ainsi l'arbre ne vivrait que par l'aspiration séveuse des
spongioles qui se développent toujours à l'extrémité de ses
racines ; il va donc sans cesse s'éloignant des substances
inutiles ou nuisibles qu'il a rejetées ou rebutées précédemment.

Mais par où s'opéreraient ces excrétions ? Ce ne pourrait être par l'extrémité des racines, par les spongioles, qui
sont les orifices des canaux conducteurs de la séve ascendante ; car il s'y ferait alors incessamment un mélange qui
détruirait le travail d'analyse effectué dans l'intérieur de
l'arbre, et d'ailleurs les spongioles repomperaient ce mélange imprégné de substances inutiles ou nuisibles, ce qui
ne peut être admis. Il est probable que les excrétions ont
lieu par les stomates qui couvrent le tissu de l'écorce des
racines. Toute la place qu'a occupée l'arbre contient donc
une plus ou moins grande quantité de ces substances excrétées, et, lorsqu'on veut le remplacer par un autre de
même espèce, il y trouve ces substances, sinon répugnantes
pour sa nature, du moins inutiles et peut-être nuisibles à
sa végétation ; et on conçoit alors que la séve qui s'en

charge soit peu profitable à l'arbre du même genre, son successeur.

Quelques naturalistes, sans rejeter le principe de la nécessité de l'alternance, ont voulu l'expliquer en disant que le végétal absorbait dans le sol les principes qui conviennent à sa nature et laissait ceux qui ne lui conviennent pas. Cependant des faits nombreux et peu contestables prouvent que les racines aspirent sans distinction les sucs qui se trouvent à leur portée, quelle que soit leur nature; elles pompent jusqu'aux poisons qui détruisent la vie végétale comme la vie animale. D'ailleurs on retomberait ainsi, d'une explication qui s'appuie sur des faits, dans une hypothèse qui ferait attribuer aux spongioles une puissance d'analyse et un instinct d'élection qui nécessiteraient des organes beaucoup plus perfectionnés que ceux des animaux eux-mêmes.

En résumé, nous sommes fondé à conclure que les végétaux rejettent par leurs racines, ou tout au moins laissent dans le sol les substances qui ne conviennent pas à leur nature, et que ces substances sont un obstacle au succès des végétaux de même espèce qui leur succèdent.

Nous avons cru qu'il pouvait y avoir quelque utilité à insister sur ce point, et à essayer la réfutation d'une théorie qui met en doute un principe qui sert de fondement à toute culture rationnelle des végétaux, grands et petits.

Cherchons maintenant s'il n'y aurait pas quelques moyens, tout en respectant les lois impérieuses de l'alternance, de pouvoir continuer avec les mêmes espèces les plantations dans un ancien verger et celles d'un mur d'espalier. M. Jard, pour ses pêchers en espalier, remplace avec de la terre nouvelle celle qui avait porté les premiers ; ce remplacement a lieu sur une largeur de 2 mètres et à la profondeur de 1 mètre ; les cultivateurs de Montreuil, qui depuis un siècle et demi tapissent leurs murs de pêchers

en espalier, emploient un moyen analogue. Mais ne pourrait-on pas arriver au même but avec moins de dépense? 
Lorsque les arbres sont un peu éloignés les uns des autres, 
leurs racines sont loin de se toucher ; le sol placé dans 
l'intervalle qui les sépare offre donc de la terre nouvelle 
pour de nouveaux arbres, et, pendant le temps qui s'écou-
lerait jusqu'à ce que les racines nouvelles aient atteint la 
terre qui a alimenté les anciennes, les excrétions des vieux 
arbres auraient le temps de se modifier plus ou moins par 
le travail incessant de réaction réciproque qu'exercent les 
unes sur les autres les substances solubles que renferme le 
sol ; on seconderait d'ailleurs ce travail en cultivant dans 
cet intervalle des végétaux à racines pénétrant profondément dans la terre. Il arrive très-souvent que les sucs rejetés par certains végétaux sont très-utiles à la nutrition de 
quelques autres ; ainsi on cite des associations ou des suc-
cessions de végétaux qui semblent très-bien réussir, les 
céréales, par exemple, avec ou après les légumineuses ; le 
froment, semé après les fèves, réussit d'autant mieux que 
les fèves ont été plus belles. Nous connaissons, dans une 
plantation de mélèzes, un taillis de noisetiers qu'on rabat 
tous les huit à neuf ans, et qui produit plus peut-être que 
si le noisetier y était seul. Ainsi encore, dans une autre 
plantation d'un de nos frères, des acacias placés sous des 
mélèzes poussent en quelque sorte avec fureur. Dans ces 
deux cas les mélèzes continuent à bien végéter, et nous 
pensons que les excrétions de ces deux familles différentes 
servent réciproquement à leur alimentation, et se préparent 
en quelque sorte l'une à l'autre un terrain toujours nouveau. 
Nous sommes donc fondé à penser que la culture des végétaux à racines plongeant profondément dans le sol, des choux 
entre autres, race avide de tous sucs, conviendrait très-bien 
pour purger la terre des substances inutiles ou nuisibles à 
la nouvelle génération d'arbres ; il est bien entendu que,

pour ne pas épuiser le sol et le préparer convenablement, on ne lui épargnera pas l'engrais.

Dans un verger on peut encore planter ses arbres à des places différentes de celles qu'occupaient les anciens, et en outre remplacer par des fruits à noyaux, pruniers, cerisiers, etc., les pommiers et poiriers vieillis, ou au moins le poirier par le pommier, et réciproquement. Dans un jardin dont le tracé maîtrise en quelque sorte la position et même l'espèce des arbres, on peut encore remplacer le poirier par le pommier, ou au moins le poirier greffé sur franc par celui greffé sur cognassier, le pommier greffé sur doucin par celui greffé sur sauvageon, et, dans l'espalier, le pêcher greffé sur prunier par celui qui l'a été sur amandier.

On peut, par ces différents moyens, faire croître sur un même sol une nouvelle génération encore productive des mêmes arbres ; mais, à moins qu'on ne renouvelle entièrement le sol dans lequel a vécu la première génération, il est toujours à craindre que la seconde réussisse moins bien que la précédente, et la troisième plus mal que la seconde.

# CHAPITRE XV.

### Influence de l'espace, de l'air, du soleil et de la température sur la fructification.

Nous avons, dans ce qui précède, parlé incidemment de l'influence de l'air et du soleil sur la fructification ; nous croyons, en finissant, devoir insister sur ce point.

Les arbres à fruits, pour produire, ont besoin d'espace, d'air et de soleil ; trop rapprochés les uns des autres, ils ne donnent que des récoltes peu abondantes. Soit que les racines dans le sol, pour ce qui concerne la séve ascendante.

et les feuilles dans l'air, pour ce qui touche à la séve descendante, se disputent les principes utiles à la fructification,
soit par d'autres causes que nous ignorons, les arbres, surtout ceux des espèces vigoureuses, poussent du bois, mais
produisent peu de fruits, lorsque leurs branches ou leurs
racines se rencontrent dans l'air ou dans le sol.

Les branches d'un même arbre ont aussi besoin de pouvoir se développer librement dans l'atmosphère sans se trouver contrariées par le contact immédiat des branches voisines; les arbres fruitiers trop touffus restent, ou à peu près,
stériles. La forme pyramidale est peu avantageuse à la fructification pour les arbres en plein vent : il serait essentiel
et facile, dans leurs premières années, en rabattant la branche qui doit continuer la tige, de les diriger de manière à
forcer leurs branches charpentières à s'évaser et à leur assurer le libre accès des influences directes de l'air et du soleil; cette opération se ferait même avec avantage sur les arbres en plein vent pyramidaux adultes qui conservent de la
vigueur ; la plaie, couverte avec un mastic ou de l'onguent
de Saint-Fiacre, ne tarderait pas à se recouvrir dans les années successives. Cette opération, en comprimant l'essor de
la séve des racines, tendrait à donner la prépondérance à la
séve des feuilles, au grand avantage de la fructification. On
rend cependant dans les jardins la forme pyramidale productive, mais c'est au moyen de divers artifices de taille.

Le libre accès du soleil est tout aussi indispensable à l'a-
bondance des récoltes que celui de l'air; l'ombre lui est
fatale ; les arbres poussent du bois, mais donnent très-peu
de fruits, lorsque le soleil ne leur arrive pas librement; les
bourgeons fructifères intérieurs, ombragés par les autres
branches de l'arbre, ne se chargent que de peu de fruits.
Dans les espaliers, on remarque que les bourgeons placés
au-dessus des membres produisent beaucoup plus que ceux
qui, placés au-dessous, reçoivent moins de soleil ; dans le

pêcher notamment les bourgeons inférieurs des membres se garnissent d'yeux simples, éloignés les uns des autres, tandis que les supérieurs se couvrent d'yeux triples et rapprochés.

Les mêmes conditions ne sont pas moins nécessaires à la bonne qualité des fruits. Ainsi ceux qui se sont développés dans les lieux ombragés sont généralement insipides et aqueux ; ceux qui proviennent d'espaliers immobiles et dont les branches sont invariablement fixées, qui ne peuvent, par conséquent, profiter des influences de l'air et du libre mouvement de leurs branches, sont loin d'avoir la qualité des fruits portés par un arbre en plein vent. Ce n'est que pour éviter l'inclémence des saisons, les difficultés inhérentes à la mobilité de notre climat, la rudesse de nos hivers, qu'en créant un espalier on réduit l'arbre à une espèce de servage.

Ainsi, en un mot, l'espace, l'air et le soleil sont les éléments indispensables d'une bonne et abondante fructification.

Tous les moyens que nous venons d'analyser tendent à faire naître sur les arbres à pepins des promesses de fruits, mais ils sont impuissants par eux-mêmes à en assurer la récolte. *Pour que la fleur du printemps devienne un fruit en automne*, il faut qu'elle soit favorisée par des circonstances atmosphériques convenables.

Les fruits, dans nos climats, avortent lorsque la température cesse d'être en harmonie avec l'époque de la saison ou avec les besoins des fruits eux-mêmes. Ainsi, au moment de la floraison ou à l'époque qui la suit, une forte chaleur ou un froid un peu vif, sans que le thermomètre descende même à zéro, font également avorter les fruits. Ceux-ci, tant qu'ils sont jeunes, les poires surtout, noircissent et tombent sous l'influence d'un vent ou d'un soleil trop chauds. D'autre part, un froid intempestif paralyse l'action absorbante des feuilles qui élaborent la séve nourricière des fruits ; ils tombent alors faute d'un aliment convenable : ceux de nos pays demandent donc, pour réussir, une température modérée, et en craignent les brusques changements.

Les choses ne se passent plus de même relativement aux fruits d'origine méridionale. Ainsi, en 1848, nous avons éprouvé, au moment de la floraison, une élévation de température insolite. Aussi le pêcher et l'abricotier, qui nous viennent du Midi, ont vu se nouer des fruits en abondance, pendant que ceux qui appartiennent à notre climat, les poires surtout, ont avorté. Mais si ces espèces ont cet avantage lorsque nos printemps, par une trop rare exception, sont chauds, par une fâcheuse compensation ils craignent beaucoup plus que les autres la température froide de nos printemps ordinaires, et ils tombent alors que toutes nos espèces indigènes se chargent de produits, parce que leurs feuilles, faute d'une température suffisante, ne peuvent leur préparer une nourriture convenable. Nous échappons en partie à cet inconvénient par des abris, des paillassons, et en plaçant nos arbres en espaliers dans des positions chaudes.

Au printemps de 1849 nous avons vu périr nos fruits originaires des climats chauds et une grande partie de ceux que nous ont fournis les climats tempérés ; à l'époque de la floraison il est survenu des temps froids, et le thermomètre est descendu à plusieurs degrés au-dessous de glace ; les fleurs de nos deux espèces d'arbres ont semblé résister, mais celles des pêchers et des abricotiers n'ont pu être fécondées ; les poires nouées paraissaient nombreuses, mais dans les premiers jours de mai est survenue une température chaude et sèche tout à fait anormale, à la suite de laquelle ces fruits, déjà de la grosseur de noisettes, sont tombés, à l'exception de ceux de quelques espèces qui semblent braver toutes les intempéries. Les pommes, malgré

13

leur floraison tardive et postérieure aux gelées, n'ont guère mieux réussi que les poires. C'est dans les années comme celles que nous venons de mentionner qu'on doit choisir, pour les multiplier, les variétés qui continuent d'être fécondes malgré les influences climatériques.

Les moyens de fructification que nous proposons, puissants sans doute, n'atteignent cependant le but que quand ils ne contrarient pas trop fortement les lois naturelles; employés avant le temps, ils peuvent échouer quand ils s'appliquent à des variétés qui ont absolument besoin d'un certain nombre d'années d'existence pour fructifier; la Virgouleuse, par exemple, est de ce nombre. Il en est de même de nos fruits de semis; ces nouveaux individus, dont chacun forme une nouvelle variété, diffèrent entre eux, comme tous ceux que nous possédons déjà, relativement à l'âge de la fructification. Pour eux donc, comme pour nos variétés anciennes, nous n'obtiendrons pas de résultats uniformes; nous pouvons, par des moyens artificiels, abréger leur jeunesse, mais nous ne pouvons la supprimer, et le temps que nous gagnons est toujours proportionnel à leurs dispositions naturelles.

Mais l'âge n'apporte pas seul des obstacles à une prompte fructification; ici c'est le climat, là l'exposition, ailleurs la nature du sol, d'autres fois les circonstances dans lesquelles s'est faite la plantation, les dispositions particulières de l'espèce et même du sujet qui porte la greffe. Toutes ces causes, réunies ou isolées, peuvent y mettre des entraves; les moyens que nous avons proposés peuvent souvent, sinon les vaincre, du moins diminuer sensiblement leur influence.

Pour terminer, nous ajouterons que les circonstances atmosphériques favorables ou nuisibles à la fructification sont assez peu connues, et souvent il n'est pas en notre pouvoir de les écarter, ni même de les préciser. Ainsi, par exemple, le printemps de 1850 a eu des alternatives très-

marquées de chaud et de froid ; la floraison de toutes les
espèces fruitières avait été abondante, les fruits noués
paraissaient nombreux ; ceux à noyaux se sont seuls conservés ; ceux à pepins sont en grande partie tombés, et nous
ne pouvons assigner la raison de cette différence. Indépendamment des circonstances générales de température, il
est, nous le pensons, des influences atmosphériques, et
peut-être même des émanations *telluriques,* soit gaz, soit
brouillards, qui échappent à nos observations, et qui déci-
dent souvent de l'abondance ou de la rareté de nos fruits.
Ce sont ces influences indéterminées, et souvent spéciales
aux localités, qui font que, de deux pays voisins, où le sol, à
ce qu'il semble, offre une grande similitude, l'un nourrit des
arbres à fruits féconds, tandis que dans l'autre ils donnent
peu de produits. L'industrie de l'homme peut faire naître
des fleurs et donner par conséquent l'espérance d'obtenir
des fruits ; mais elle est le plus souvent impuissante à les
amener à maturité.

FIN.

# TABLE ANALYTIQUE

## DES MATIÈRES.

———

### DE LA TAILLE DES ARBRES FRUITIERS.

OBSERVATIONS PRÉLIMINAIRES.

I. *Utilité et but de la taille.* — Pour les arbres à pepins. — Pour les arbres à noyaux. — La taille donne la forme, prolonge la durée, hâte la fructification.     Pages 5 à 7.

II. *Historique de la taille.* — La taille chez les anciens. — La Quintinie. — Roger Schabol. — La Bretonnerie. — Duhamel. — Rosier.—Thouïn.—Le Berriays.—William Forsith.—Dupetit-Thouars. — Butret. — Lelieur, réformateur de la taille. — MM. Dalbret, — Chopin, — Lepère, — Gaudry, — Jard, — Du Breuil.     P. 7 à 10.

III. *But et plan de ce livre.* — Exposé des diverses méthodes de taille. — Simplification des préceptes. — Étude des principaux phénomènes de la végétation.— Indication des moyens d'obtenir la fructification.     P. 10 à 12.

### PREMIÈRE PARTIE.

PRINCIPES GÉNÉRAUX DE LA TAILLE; LEUR APPLICATION AUX ARBRES
A PEPINS.

CHAP. Ier. — *Principes de la taille nouvelle.*

I. *Pincement.* — Son effet. — Son emploi sur les arbres à noyaux —Inconvénients du pincement tardif.—Du pincement long.— Cassement substitué au pincement sur les arbres vigoureux.— Compression ou torsion de la partie du bourgeon laissée.     P. 13 à 16

II. *Taille en couronne.* — Son invention par La Quintinie. — Appui que lui donne Le Berriays. — Son emploi par Lelieur.
P. 16 à 17.

III. *Renforcement des branches faibles.*—Taille longue des branches faibles. — Taille courte des branches fortes. — Expériences qui mettent en doute le principe absolu. — Nécessité de s'aider du pincement pendant tout le cours de la saison pour arriver à un succès complet. — Thouïn semble l'inventeur de cette méthode. P. 17 à 19.

CHAP. II. — *Application de la méthode aux pyramides.*

I. *Principes généraux.* — Moyen de renforcer le bas de l'arbre et d'affaiblir le haut. — Assiette de la taille, dans le bas, sur les branches fortes, dans le haut, sur les faibles.—Pincement multiplié et hâtif dans le haut de l'arbre, modéré et tardif dans le bas. — Cassement des brindilles. — Position horizontale imposée aux bras. — Courbure de la flèche. — Taille en vert. — Ébourgeonnement. P. 20 à 23.

II. *Directions pratiques.*— Taille destinée à faire ouvrir tous les yeux.— Développement d'un étage de branches chaque année. — Taille en couronne des bourgeons inutiles. — Rabattage du bourgeon terminal. — Raccourcissement de la taille à mesure que les membres sont placés plus haut.—Taille de la première, deuxième, troisième année. — Distance à observer entre les membres. — Inconvénients des membres trop rapprochés.
P. 23 à 27.

CHAP. III. — *Méthode de M. Chopin.*

Pyramides étroites et hautes.—Taille sur trois yeux dans le bas, et successivement, à mesure qu'on s'élève, sur deux yeux, sur un œil, et enfin en couronne. — *Emploi du pincement et de l'ébourgeonnement.* — Application de l'incision annulaire.
P. 28 à 30.

CHAP. IV. — *Méthodes flamande et belge.*

Taille courte au printemps. — Cassement des brindilles. — Suppression du pincement et de l'ébourgeonnement dans le cours de la saison.—Cassement au mois d'août des plus forts bourgeons latéraux — Simplicité et avantages de cette méthode.— Taille Lasnier, imitée des précédentes. — Classement des arbres en trois catégories, d'après leurs dispositions fructifères. P. 30 à 32.

CHAP. V. — *Résumé de la taille en pyramide.*

Accroissement, avec l'âge, de la distance horizontale des membres. — La distance verticale reste stationnaire ou même diminue.— Difficulté d'obtenir une forme régulière dans les pyramides. — Nécessité de réduire toutes les pousses des membres, à l'exception du bourgeon terminal, à n'être que des productions fruitières. — Motifs de la vigueur nécessaire aux
pousses dans les premières années et dans les années successives.—Inconvénients de la trop grande élévation des arbres.—
Moyens d'y remédier.                         P. 32 à 37.

## DEUXIÈME PARTIE.

### MODE DE VÉGÉTATION ET TAILLE DU PÊCHER.

CHAP. Ier.—*Végétation comparée du pêcher et des arbres à pepins.*

Fructification tardive des arbres à pepins. — Nombreux germes
de sous-yeux. — Leur oblitération. — Leur réapparition au
besoin. — Formation des boutons à fruits en un, deux et souvent trois ans.—Arbres *saisonniers*, défaut particulier aux arbres à pepins.—Dangers des grandes gelées d'hiver pour leurs
tiges et surtout pour leurs boutons à fruits d'un, deux, trois
ans. — Effet fatal de la gelée dans les sols imperméables.—
Soins à prendre pour la plantation dans cette nature de sol. —
Dangers pour les jeunes fruits des chaleurs précoces. — Mode
de végétation des arbres à pepins, principes de leur taille. —
Différences notables de la végétation du pêcher. — Soins spéciaux à donner au pêcher, arbre exotique.— Sa durée en plein
vent, sans être taillé. — Ouverture de tous ses yeux dans l'année. — Sa fructification au bout de deux ou trois ans de semis.
— Cessation de la végétation dans ses branches. — Fécondité
médiocre de ses bourgeons anticipés.—Difficulté de leur taille.
— Surabondance de végétation et de fructification. — Recépage du pêcher en plein vent; il repousse plutôt par la racine
que par la tige.— Recépage des arbres à pepins ; ils repoussent
plus facilement. — Raison de cette différence. — Mode particulier de végétation du pêcher, fondement de sa taille. — Pro-
longation de son existence.                   P. 38 à 48.

CHAP. II.— *Influence du sol et du climat sur les diverses espèces
fruitières.*

Origine étrangère de la plupart de nos fruits, qui nous viennent de pays plus méridionaux. — Défense donnée contre le froid par la nature aux espèces d'origine septentrionale, qui manque généralement aux espèces méridionales.—Cosmopolitisme des végétaux du Midi les plus utiles. — Insuffisance de la latitude pour déterminer la température. — Causes des ravages du froid.—Inégalité de température dans des contrées voisines.— Climats à pluies d'automne, à pluies d'été.— Inégalité du froid entre le versant du bassin du Rhône qui regarde la Méditerranée et celui qui est tourné vers l'Océan. —Conséquences de cet état de choses.                                    P. 48 à 54.

CHAP. III. — *Taille du pêcher en espalier.*

*Procédés pratiques de la taille.*—Proscription du cassement, de la torsion, de la taille en couronne. — Avantages du pincement hâtif. — Réprobation du pincement par quelques arboriculteurs. — Son emploi par MM. Lelieur et Dalbret. — Ébourgeonnement pendant toute la saison. — Importance de la taille en vert. — Moyen d'opérer le remplacement. — Remplacement sur un , sur deux bourgeons. — Ébourgeonnement à sec.
P. 51 à 57.

CHAP. IV. — *Analyse et comparaison des diverses méthodes de taille du pêcher.*

Difficulté de maintenir l'équilibre entre les bras horizontaux et verticaux.—Moyens d'y parvenir. — Inégalité de force entre les bourgeons placés au-dessus et au-dessous des branches.
P. 57 à 58.
I. *Méthode de Montreuil.* — Branches mères en V, point de départ des bras horizontaux et verticaux. — Double méthode. — Formation alternative des bras horizontaux et verticaux. — Etablissement en premier lieu des bras horizontaux.
P. 58 à 59.
II. *Modifications introduites par M. Du Breuil.* — Longueur donnée aux bras horizontaux inférieurs. — Inclinaison des bras verticaux.                                    P. 59 à 60.
III. *Méthode de Le Berriays.* — Formation annuelle des bras horizontaux élevés d'abord comme branches-mères et courbés à l'époque de la taille. — Maintien des bourgeons du dessus des membres à l'état de branches à fruit. — Vigueur des bras horizontaux par cette méthode ; accélération de la formation de l'arbre. — Ses avantages.                      P. 60 à 62.

IV. *Simplification de la taille par la palmette simple.* — Suppression de la difficulté qu'on éprouve à maintenir l'équilibre entre les bras horizontaux et verticaux. — Doute sur le reproche qu'on lui fait d'épuiser les arbres. — Formation annuelle de deux bras horizontaux et du prolongement de la tige. —Maintien à l'état de branches fruitières de toutes les pousses qui se développent sur les branches charpentières. — Moyen de favoriser la pousse des membres plus faibles.— Distance à observer entre les membres. — Moyens d'affaiblir un membre trop fort, d'en renforcer un faible.                          P. 62 à 64.

V. *Modifications à la taille en palmette.* — Suppression des bourgeons inférieurs des membres horizontaux pour faire disparaître l'antagonisme entre les bourgeons supérieurs et inférieurs des membres. — Allongement des bourgeons à fruits supérieurs. — Remplacement au moyen de deux bourgeons. — Diminution de la distance entre les membres. — Production plus abondante de fruits par les membres supérieurs que par les membres inférieurs. —Avantages de cette méthode.
                                    P. 64 à 66.

VI. *Palmette double de Fanon.* — Remplacement de la tige unique par deux tiges verticales. — Point de départ des branches horizontales. — Modification apportée par M. de Puyvallée. — Préférence de Lelieur pour cette méthode. — Emploi pour l'établissement de la charpente des arbres du procédé de Le Berryais modifié.— Différence d'époque de la courbure des bras.— Préférence que semble mériter le procédé Lelieur.—Formation d'un arbre par cette méthode.—Motifs de la préférence à donner à la taille en palmette sur les autres méthodes.      P. 66 à 69.

VII. *Procédé de M. Gaudry.* — Préférence de M. Gaudry pour la palmette. — Ressemblance de sa taille en V avec la palmette double par le resserrement de l'angle. — Amortissement de la vigueur des membres verticaux par le pincement.    P. 70 à 71.

VIII. *Taille carrée de M. Lepère.* — Son analogie avec les autres méthodes. — Son traité.                      P. 71 à 72.

IX. *De la taille qui laisse entière la pousse terminale.* — Opportunité d'établir d'abord la charpente de l'arbre.— Taille Sieule. — Réduction de l'arbre à deux membres horizontaux. — Remarque de Lelieur sur la taille Fanon. — Application exclusive de cette méthode aux pêchers. — Motifs de cette exception. — Difficultés de son application aux pêchers conduits à la Montreuil. — Concentration de la séve qui en résulte. — Surexcitation occasionnée par la taille aux bourgeons qui y sont soumis. — Afflux de séve provoqué par le raccourcisse-

ment des bourgeons intérieurs. — Difficulté qu'éprouve la
sève du pêcher à parcourir des branches dégarnies de végétation.— Causes de la mort du pêcher en plein vent.— Prolonga-
tion de son existence par la taille annuelle de ses bourgeons
fruitiers.                                                P. 72 à 77.

X. *Taille en candélabre.* — Simplicité de cette taille. — Sa nature. — Sa forme. — Pêchers élevés d'après cette méthode. —
Arbres de Boissy-Saint-Léger, cités par Lelieur, et de M. Barbet, à Mâcon.                                             P. 77 à 78.

XI. *Méthode de M. Jard.* — Pêcher modèle couvrant un mur de
20 mètres de long sur 5 de large. — Grand succès de ses élèves.
— Supériorité de ses pêchers sur ceux de Montreuil.— Formation de la charpente de ses arbres.—Etablissement des membres
verticaux avec des greffes en approche. — Procédé de cette
greffe. — Difficulté de la conduite des pêchers ayant un grand
développement; brièveté de leur existence en général. — Ap-
pel fait à M. Jard pour qu'il publie sa méthode.     P. 79 à 84.

CHAP. V. — *Moyens d'améliorer la culture du pêcher.*

Perméabilité du sol. — Dommage qu'éprouve le pêcher quand
ses racines arrivent au niveau de l'eau. — Greffe sur prunier
du pêcher destiné à vivre dans un sol peu perméable, pour
restreindre ses dimensions.— Succès d'un vieux jardinier dans
ces conditions. — Difficulté de la réussite du pêcher dans les
climats pluvieux et à sol argileux. — Origine probable de la
gomme et de la cloque. — Défoncement profond du sol pour
diminuer ces inconvénients. — Assainissement des fosses destinées à la plantation. — Greffe sur prunier traçant. — Plantation sur butte. — Sol et défoncement que demande le pêcher
dans les climats à grandes pluies, à pluies de printemps. —
Obstacles venant du sol. — Obstacles inhérents au climat. —
Moyen d'atténuer ces derniers. — Observations sur les climats
humides.                                                  P. 84 à 91.

CHAP. VI. — *Culture du pêcher en plein vent.*

Avantages de cette forme dans un grand nombre de climats. —
Rapprochement des branches verticales et application de la
méthode de remplacement aux branches fruitières pour prolonger sa durée. — Avantages de cette culture alors même
qu'on se dispense de ces soins.                          P. 91 à 95.

# TROISIÈME PARTIE.

FÉCONDITÉ DES ESPÈCES FRUITIÈRES; MOYENS DE L'OBTENIR; THÉORIE
DE LA FRUCTIFICATION ET MARCHE DE LA VÉGÉTATION.

CHAP. Ier. — *Soins préliminaires pour obtenir des plantations
fécondes.*

Emploi des espèces fécondes dans le pays. — Rejet de celles
qui donnent des fruits gercés, fendus, sensibles aux gelées.
— Inégalité de qualité et de fécondité d'un même fruit dans
tous les climats. — Choix des variétés assorties au climat
où l'on se trouve. — Dégénérescence des fruits anciens. — Ses
causes possibles. — Réussite de ces fruits dans certaines positions et dans certains sols. — Qualité et fécondité des fruits
suivant les sols et les climats. — Fruits de Van Mons perdus et
retrouvés. — Leur disparition des catalogues. — Envois faits
par lui en 1819, avant le déplacement de ses pépinières. —
Perte de plus de quatre cents variétés dans deux transplantations. — Influence de la nature du bourgeon de greffe sur la
fécondité des arbres. — Reproduction de ce phénomène dans
la propagation des arbres par bouture ou par marcotte. — Son
influence sur la vigne. — Raison probable de ce résultat. —
Production de variétés nouvelles par les semis. — Multiplica-
tion des variétés de poires par les Français et les Belges. —
Multiplicité des variétés de pommes trouvées par les Allemands.

P. 96 à 110.

CHAP. II. — *Incision annulaire; son influence sur la fructification; phénomènes qu'elle produit.*

Effets multiples de cette incision. — Epoque à laquelle on doit
la pratiquer suivant le but à atteindre. — Sujets auxquels elle
est applicable. — Dimensions de l'incision. — Expériences des
Anglais. — Entaille de la tige à différentes hauteurs sur plus de
la moitié du diamètre. — Circulation de la sève. — Expériences de Niven. — Opinions de Knight, de Lindley, sur les effets de
l'incision. — Incision sur des sujets de semis. — Grossissement
au-dessus de l'incision. — Sa nullité presque absolue au-dessous.
— Passages de la sève ascendante. — Observations à l'appui. —
Reprise des greffes sans l'intermédiaire de la sève descendante.
— Circulation de la sève ascendante par les premières couches

d'aubier et probablement par les rayons médullaires. — Modification par l'incision annulaire du caractère de la partie de
l'arbre ou de la branche qui lui est supérieure. — Multiplica-
tion des boutons à fruits, leur avancement d'une année. —
Observations de 1848 et de 1849. — Apparition de petits jets radicellaires au-dessus de l'incision. — Provenance du bourrelet
supérieur. — Couche annuelle en moins au-dessous de l'incision
qu'au-dessus. — Atrophie de la première couche annuelle à la
place de l'incision. — Moyen de rétablir la communication des
parties supérieure et inférieure si, à la fin de la saison, les deux
bourrelets ne se sont pas rejoints. — Reprise des greffes en
écusson sans l'intermédiaire de l'écorce du sujet. — Ses causes.
— Exagération de l'épuisement attribué à l'incision annulaire.
— Place la plus convenable pour pratiquer l'incision.

P. 110 à 127.

CHAP. III. — *Distinction et marche des deux sèves.*

Isolement des deux sèves par l'incision annulaire. — Effets de la
sève (ascendante) des racines. — Effets de la sève (descendante)
des feuilles. — Production des feuilles, élongation des bourgeons par la première. — Formation du bourrelet supérieur de
l'incision, cambium, grossissement de l'arbre, boutons à fruits,
produits de la seconde. — Son élaboration par les feuilles. —
Production de l'écorce, d'une couche de liber chaque année,
de la substance des racines, de leur écorce, des spongioles. —
Quantité minime de matériaux propres à la formation du bois
fournie par la sève ascendante. — Absorption presque nulle
de carbone dans le sol. — Eléments fournis par la sève descendante à la production du bois, à l'écorce de l'arbre et des racines. — Amélioration du sol par la végétation spontanée. — Engrais exigés par la végétation due au travail de l'homme. —
Épuisement du sol. — Absorption des gaz qui constituent l'atmosphère. — Preuves à l'appui. — Provenance de la sève descendante. — Point culminant qu'atteint la sève ascendante.
— Organes de transpiration. — Fluide fourni à la sève descendante par la sève ascendante; sa circulation par l'aubier, et
spécialement par la première couche. — Durcissement du bois
produit par la sève descendante. — Preuves. — Aoûtement,
maturation du bois, organes de la fructification, substance des
fruits, produits par la sève descendante. — Communication des
deux sèves par les rayons médullaires. — Départ de la sève ascendante précédant au printemps celui de la sève descendante.

—Abondance et puissance de la séve ascendante.— Expériences de Bradik.— Quotité de la transpiration des végétaux.— Pression exercée par la séve ascendante. — Recherches de la cause qui la produit.—Force vitale des végétaux.—Ses effets.— Ignorance où l'on est de sa cause.— Analogie du repos de la végétation avec celui des animaux. — Sa manifestation à des époques différentes selon le climat.— Repos du solstice indépendamment de la température.— Cessation du grossissement à cette époque. — Repos de la nuit. — Nécessité des alternatives de chaleur et de fraîcheur pour le succès de la végétation, pour la qualité de certains fruits. — Cause de l'insuccès de la vigne dans l'Amérique septentrionale. — Fruits des jeunes arbres, des arbres vigoureux. — Infériorité des fruits qui se sont développés pendant des temps pluvieux. — Sa cause. — Accroissement des végétaux pendant le jour, pendant la nuit. — Acclimatation des plantes exotiques. — Insuffisance de la concordance des latitudes. — Modifications apportées par la chaleur et la sécheresse aux tissus végétaux et à leur faculté de résister au froid. — Résistance moindre des végétaux dans les climats où elles ont peu d'intensité.　　　　　　　　　　P. 127 à 151

CHAP. IV. — *Incision d'écorce et d'aubier.*

Vigueur donnée aux branches par une entaille faite au-dessus d'elles. — Affaiblissement et mise à fruit des branches par une entaille inférieure.— Explication de ce double résultat.— Analogie de l'incision annulaire faite à travers l'écorce et l'aubier, sans enlèvement d'écorce, avec l'incision annulaire ordinaire. —Grossissement des membres facilité par l'incision longitudinale. — Redressement et guérison des tiges des arbres par le même moyen. — Incision oblique, scarification ; moyens de diminuer la vigueur des sujets et de favoriser la fructification. — Emploi de l'incision longitudinale pour guérir la gomme. — Fructification facilitée par une ligature vigoureuse au-dessus des racines.　　　　　　　　　　P. 151 à 157.

CHAP. V. — *Arcure des branches.*

1. Moyen de fructification offert par l'arcure. — Son usage en Angleterre. — Engouement pour ce procédé, suivi d'un abandon trop général. — Réponse aux objections. — Procédé anglais. — Pyramides de M. Massé, à Versailles. — Forme spécialement applicable aux arbres à pepins.　　　　P. 157 à 161.

2. *Pratique de l'arcure.* — Inconvénients des croisèments — Direction à donner aux branches dans la courbure. — Placement des bourgeons verticaux. — Époque où l'on fait la courbure. — Diminution par la courbure de la hauteur des pyramides. — Explication des effets de la courbure. — Conséquence pour la fructification des degrés divers d'inclinaison des branches.                                        P. 161 à 161.

CHAP. VI. — *Mise à fruit des sujets de semis.*

Époque du semis des pepins. — Suppression du pivot des sujets au repiquage. — Courbure des branches latérales, non de la tige. — Couchage pendant l'année des bourgeons qui poussent sur la courbure. — Incision annulaire. — Greffe des lambourdes sur les jeunes arbres en produit. — Méthode de M. Sageret pour la production des bifurcations hâtées. — Succès de cette méthode dans la taille des melons.              P. 164 à 170.

CHAP. VII. — *Indices de bon augure chez les sujets de semis.*

Caractères, d'après Van Mons, des sujets dont on peut espérer de bons fruits. — Caractères des sujets dont on ne doit attendre que des fruits inférieurs. — Incertitude de ces caractères en ce qui concerne les pommiers de semis. — Leur valeur chez les pêchers et les abricotiers. — Perfection relative des pommiers, des pêchers et des abricotiers, comparés aux poiriers et aux pruniers.                                   P. 170 à 173.

CHAP. VIII. — *Mise à fruit par la greffe.*

Greffe des bourgeons à fruits au mois d'août par M. Luiset. — Succès de cette greffe. — Remplacement par ce procédé de la greffe en approche pour remplir des vides. — Greffe en fente, à la fin de septembre, des bourgeons à fruits. — Affruitement par la greffe Miller ou par la greffe par application. — Succès de cette greffe. — Ses avantages. — Sa pratique en toute saison. — Détail du procédé. — Recette du lut dont elle a besoin. — Modification de cette greffe. — Sa substitution à la greffe par approche. — Cette même greffe faite en écusson. — Son succès douteux sur les pêchers et les abricotiers, plus assuré sur le cerisier et le prunier, incertain sur le châtaignier, le noyer et le mûrier.                              P. 173 à 183.

CHAP. IX. — *Mise à fruit par le cassement et la torsion.*

Ancienneté du cassement employé comme moyen de fructification. — Son adoption générale pour les arbres à pepins. — Discrétion nécessaire dans l'emploi de ce moyen. — Époque de l'opération. — Avantages et inconvénients d'un cassement un peu court. — Son application impossible aux arbres à noyaux. — Torsion. — Ménagements à prendre dans l'emploi de ce procédé.                                      P. 183 à 186.

CHAP. X. — *Retranchement des racines ; transplantation.*

Retranchement des racines profondes plutôt que des superficielles. — Arrachement, remède héroïque. — Plantation des arbres. — Suppression des branches et d'une partie des racines du sujet. —Expérience de Lelieur.—Explications à l'appui. P. 186 à 191.

CHAP. XI. — *Taille pendant la sève.*

Prédominance donnée à la sève fructifiante par cette taille. — Diminution d'influence de la sève qui donne naissance aux bourgeons.                                      P. 191 à 192.

CHAP. XII. — *Puissance fructifiante des racines qui se maintiennent près de la surface du sol.*

Analogie entre la forme de l'arbre sous terre et dans l'atmosphère. — Fécondité plus grande des arbres étalés que des arbres élancés. — Puissance fructifère de la sève des racines superficielles. — Procédé des vignerons de la Côte-d'Or. — Mort des racines superficielles pendant l'hiver. — Leur renouvellement pendant l'été. — Leur dépérissement fréquent pendant la taille. — Leur retranchement lors de la taille. — Nécessité d'un travail superficiel dans la seconde façon de la vigne, et dans toutes les façons données aux arbres fruitiers. — Plantation peu profonde des treilles renommées de Thomery.   P. 193 à 198.

CHAP. XIII. — *Affruitement des arbres stériles.*

Nécessité des engrais pour nos espèces fruitières. — Fumier. — Colombine. — Purin. — Sang en compost. — Danger de l'emploi du purin non fermenté sur les jeunes arbres. — Inconvénients du fumier sur les arbres vigoureux. — Fumure des mûriers, des vignes, des rosiers. — Inconvénients des fumures pour les espèces appartenant à la famille des conifères. — Modération à apporter dans la fumure des pêchers. — Stérilité provenant de l'âge. — Rapprochement des vieilles branches sur la tige. — Sa réussite lorsque les racines sont encore vigoureuses. — Enlèvement des écailles de l'écorce pour rendre de la vigueur aux sujets. — Inutilité de l'amoncellement de la neige au pied des arbres. — Noircissement des murs d'espaliers. — Motifs qui le rendent plus nuisible qu'utile.          P. 199 à 207.

CHAP. XIV. — *Alternance des arbres fruitiers.*

Difficulté de la réussite de deux générations successives, dans le même terrain, d'arbres de même espèce. — Contestations relatives à ce principe. — Aspiration par les racines de tous les liquides qui se trouvent à leur portée. — Expiration par les feuilles des substances volatiles inutiles ou nuisibles. — Rejet par les racines des substances fixes. — Preuves à l'appui. — Réponse aux objections. — Point par lequel les racines pompent les liquides contenus dans le sol. — Moyens d'atténuer les difficultés que présente la loi de l'alternance.          P. 208 à 214.

CHAP. XV. — *Influence de l'espace, de l'air, du soleil et de la température sur la fructification.*

Désavantages de la forme pyramidale relativement à la fructification. — Infériorité des fruits trop ombragés. — Faible disposition des bourgeons intérieurs à donner des fruits. — Nécessité d'une température modérée pour les espèces indigènes, d'une température plus élevée pour les espèces exotiques.          P. 214 à 219.

FIN DE LA TABLE ANALYTIQUE DES MATIÈRES.

Imprimerie de BEAU, à Saint-Germain en-Laye.

# EXTRAIT DU CATALOGUE DE LA LIBRAIRIE AGRICOLE

ABEILLES. Education et Ruche française, par VAREMBEY. 1 vol. in-8 . . . . . . 1 75
AGRICULTURE (Cours d'), par DE GASPARIN, cinq vol. in-8 et 253 gravures. . 37 50
AMENDEMENTS (Traité des), par PUVIS, 2ᵉ édit. 1 vol. in-12 de 448 pages. . 3 50
BON JARDINIER (Le), almanach pour 1858, par MM. POITEAU, VILMORIN, BORIE, NAUDIN, NEUMANN, PÉPIN, 1 vol. in-12 de 1,644 pages. . . . . . . 7 »
CACTÉES (Monographie et culture des), par LABOURET, 1 vol. in-12 de 732 p. 7 50
CAMELLIA (Monographie et culture du), par BERLÈSE. 1 v. in-8 et 7 planches. 5 »
CHIMIE AGRICOLE, par le docteur SACC, 2ᵉ édit. 1 vol. in-12 de 480 pages. 3 50
CONSTRUCTIONS RURALES, par DUVINAGE, 2ᵉ édit., 472 pages, 181 gravures. 3 50
DICTIONNAIRE D'AGRICULTURE PRATIQUE, par JOIGNEAUX, 2 v. gr. in-8. 18 »
DRAINAGE, par BARRAL, tomes I et II . . . . . . . . . . . . . . . 10 »
DRAINAGE (Traité du) par LECLERC, 1 vol. in-12 de 364 pages, et 127 grav. 3 50
FLORE DES JARDINS ET DES CHAMPS, par LEMAOUST et DECAISNE. 2 v. in-8. 9 »
HORTICULTURE (Encyclopédie d'), 2ᵉ édition, 1 vol. in-4 de 500 pages avec 500 gravures (forme le tome V de la Maison rustique). . . . . . . 9 »
HORTICULTURE, par LINDLEY, 1 vol. grand in-8 de 450 pages et 37 gravures. 5 50
IRRIGATEUR (Manuel de l'), et Code, par VILLEROY, 384 pages in-8 et 121 grav. 5 »
IRRIGATION DES PRAIRIES, par KEELHOFF, 1 vol. texte et 1 vol. atlas. . 9 »
JOURNAL D'AGRICULTURE PRATIQUE, sous la direction de M. BARRAL, par MM. GASPARIN, BOUSSINGAULT, BORIE, LAVERGNE, MOLL, VILLEROY, VILMORIN. Un nᵒ de 48 à 64 pages in-4 et nombreuses gravures; les 5 et 20 du mois. — Un an. 16 »
MAISON RUSTIQUE DU 19ᵉ SIÈCLE, cinq vol. in-4 et 2,500 gravures. . . 39 50
MAISON RUSTIQUE DES DAMES, par Mᵐᵉ MILLET, 2 vol. in-12. 250 gravures. 7 50
MANUEL GÉNÉRAL DES PLANTES, ARBRES ET ARBUSTES. Description, culture de 25,000 plantes indigènes ou de serre, 4 vol. à 2 colonnes. 36 »
REVUE HORTICOLE, par MM. BORIE, DU BREUIL, LECOQ, MARTINS, VILMORIN, etc. Un nᵒ de 32 pages les 1ᵉʳ et 16 du mois, et nombreuses gravures. — Un an.. 9 »
ROSES (Choix des plus belles). 1 beau vol. in-folio et 90 planches coloriées. 79 »
VERS A SOIE (l'Éducateur de), par ROBINET, 1 vol. in-8 et 51 gravures. . . 3 50

## BIBLIOTHÈQUE DU CULTIVATEUR, publiée avec le concours du Ministre de l'Agriculture.

### EN VENTE : 18 VOLUMES IN-12, A 1 FR. 25 LE VOLUME, SAVOIR :

Travaux des champs, par BORIE, 250 pages et 130 gravures. . . . . . . 1 25
Fermage (estimation, plans d'améliorations), bail, par GASPARIN, 3ᵉ éd., 384 pag. 1 25
Métayage (contrats, effets, améliorations), par GASPARIN, 2ᵉ édition, 166 pages. . 1 25
Sol et engrais, par LEFOUR, inspecteur de l'agriculture, 204 pages et 36 grav. 1 25
Noir animal, par BOBIÈRE, 156 pages et 7 gravures. . . . . . . . . 1 25
Prairies, par DE MOOR, 212 pages et 77 gravures. . . . . . . . . . 1 25
Houblon, par ERATH, traduit de l'allemand par NICKLÈS, 128 pages et 22 grav. 1 25
L'Éleveur de Bêtes à cornes, par VILLEROY, 2ᵉ édit., 438 pages et 60 gravures. 1 25
Choix des Vaches laitières, par MAGNE. 2ᵉ édit., 120 pages et 8 planches. . 1 25
Animaux domestiques (zootechnie, hygiène, etc.), par LEFOUR, 180 p. et 55 gr. 1 25
Animaux domestiques (entretien, élevage, etc.), par LEFOUR, 220 p. et 89 gr. . 1 25
Basse-cour, Pigeons et Lapins, par Mᵐᵉ MILLET, 4ᵉ édit. 180 pages et 25 gr. . 1 25
Animaux utiles (domestication), par GEOFFROY ST-HILAIRE, 216 pag. et 23 grav. 1 25
Géométrie agricole (dessin linéaire), métrage, par LEFOUR, 216 pages, 150 grav. 1 25
Arithmétique et Comptabilité agricoles, par LEFOUR, 224 pages et 12 grav. 1 25
Économie domestique, par Mᵐᵉ MILLET-ROBINET, 234 pages et 21 gravures. . 1 25
Conservation des fruits, par Mᵐᵉ MILLET-ROBINET, 144 pages. . . . . . 1 25
Le Jardin du Cultivateur, par NAUDIN, 188 pages et 54 gravures. . . . . 1 25

TOTAL DES 18 VOLUMES. . . . . . . 22 50

## BIBLIOTHÈQUE DU JARDINIER, publiée avec le concours du Ministre de l'Agriculture.

### EN VENTE : 11 VOLUMES IN-12 A 1 FR. 25 LE VOLUME, SAVOIR :

Arbres fruitiers (taille et mise à fruit), par PUVIS, 2ᵉ édit., 220 pages. . 1 25
Greffe, par NOISETTE, 2ᵉ édition, 258 pages et 6 planches. . . . . . . 1 25
Pépinières, par CARRIÈRE, 144 pages et 16 gravures. . . . . . . . 1 15
Asperge (culture naturelle et artificielle), par LOISEL, 2ᵉ édit., 108 pages et 6 gr. 1 25
Melon (culture sous cloche, sur butte et sur couche), par LOISEL, 3ᵉ édit., 112 p. 1 25
Plantes potagères (culture ordinaire et forcée), par VICTOR PAQUET, 402 pages. 1 25
Dahlias, par PÉPIN, 2ᵉ édition, 156 pages et 36 gravures. . . . . . . 1 25
Œillet, par le baron DE PONSORT, 2ᵉ édition, 196 pages et 1 planche. . . 1 25
Pelargonium, par THIBAULT, 108 pages et 10 gravures. . . . . . . 1 25
Plantes bulbeuses, par CH. LEMAIRE, 592 pages. . . . . . . . . . 1 25
Chimie et Physique horticoles, par DEHÉRAIN, 120 pages et 11 gravures. . . . 1 25

TOTAL DES 11 VOLUMES. . . . . . . 13 75

PARIS. — IMP. SIMON RAÇON ET COMP., RUE D'ERFURTH, 1.

www.ingramcontent.com/pod-product-compliance
Lightning Source LLC
Chambersburg PA
CBHW071701200326
41519CB00012BA/2586